高等学校新工科微电子科学与工程专业系列教材

电子线路 EDA 上机实验指导
——基于 Cadence/PSpice 17

游海龙　张金力　王　鹏　李本正　编著

贾新章　主审

西安电子科技大学出版社

内 容 简 介

本书在阐述电子线路 EDA 和优化设计技术基本概念与操作的基础上，结合目前在电子设计领域广泛使用的 OrCAD/PSpice 17 软件，安排了一系列上机实验，用于指导课程实验。

本书包括三部分，第一部分为绪论，简要介绍了 EDA 的基本概念以及 Cadence/PSpice 的功能与操作；第二部分为基本操作实验，通过简单实验设计，使学生学习和掌握 PSpice 的基本概念与操作，快速入门；第三部分为综合仿真实验，以典型电路案例为核心，帮助学生掌握综合应用 PSpice 工具设计电路的能力，同时也有助于学生了解典型电路设计知识。

本书可作为《电子线路 CAD 与优化设计——基于 Cadence/PSpice》(贾新章，游海龙等编著，由电子工业出版社 2014 年出版)一书的配套实验教材，也可作为高等院校电子线路 EDA 和相关课程的实验指导书，对于使用 OrCAD/PSpice 软件的电路和系统设计人员也有一定的参考价值。

图书在版编目(CIP)数据

电子线路 EDA 上机实验指导：基于 Cadence/PSpice 17 / 游海龙等编著. —西安：西安电子科技大学出版社，2019.10

ISBN 978-7-5606-5364-8

Ⅰ. ① 电⋯ Ⅱ. ① 游⋯ Ⅲ. ① 电子线路—计算机辅助设计—应用软件 Ⅳ. ① TN702

中国版本图书馆 CIP 数据核字(2019)第 132335 号

策划编辑　万晶晶
责任编辑　万晶晶
出版发行　西安电子科技大学出版社(西安市太白南路 2 号)
电　　话　(029)88242885　88201467　　邮　编　710071
网　　址　www.xduph.com　　　　　　电子邮箱　xdupfxb001@163.com
经　　销　新华书店
印刷单位　咸阳华盛印务有限责任公司
版　　次　2019 年 10 月第 1 版　　2019 年 10 月第 1 次印刷
开　　本　787 毫米×960 毫米　1/16　印 张　16
字　　数　284 千字
印　　数　1～3000 册
定　　价　39.00 元
ISBN 978-7-5606-5364-8 / TN
XDUP 5666001-1
如有印装问题可调换

前 言

随着计算机技术的迅速发展,计算机辅助设计(Computer Aided Design,CAD)技术已渗透到电子线路设计的方方面面。目前在电子设计领域,设计技术正处在从 CAD 向电子设计自动化(Electronic Design Automation,EDA)过渡的进程中。为保证电子线路和系统设计的效率和质量,EDA 软件已经成为不可缺少的重要工具,电路和系统的相当一部分设计任务是通过在计算机系统上运行 EDA 软件完成的,离开 EDA 技术,便很难圆满完成一个电路和系统的设计任务。

"基于 EDA 的电子线路仿真设计"是一门实践性很强的应用课程,在掌握电路仿真设计的基本概念和理论的基础上,还需要配套的上机实验课程帮助学生掌握实践环节和提高实际操作能力。本书可作为《电子线路 CAD 与优化设计——基于 Cadence/PSpice》一书的上机实验配套教材,结合最新的 OrCAD/PSpice 17 版本,通过上机实验环节,让学生学习和掌握电子线路 EDA 的知识与应用。本书以编者多年积累的教学案例为实验素材,结合典型电路设计,在体现实验内容的实用性、适用性、简便性和新颖性的同时,加强了综合性和代表性实验内容。

本书分三部分:

第一部分是绪论,简要介绍 EDA 的基本概念、Cadence/PSpice 的基本信息与操作以及仿真流程。

第二部分是基本操作实验,共 15 个实验。在设计电子线路的过程中,按照相应的实验工作流程,就可以比较好地完成电路设计任务。使用者也可以根据需要,单独调用其中的单个工具完成相应的单项工作。通过学习这些简单的实验,读者可以掌握 PSpice 的基本概念与操作,能快速入门。

第三部分是综合仿真实验,包含以典型电路为案例、综合应用 PSpice 仿真设计工具的 10 个实验。通过这部分的学习,本书可以让读者提升软件工具的综合应用能力,同时掌握典型电路的设计知识。

为了和本书使用软件的仿真结果保持一致,书中的部分变量和器件未采用国标,请读者阅读的时候多加留意。

本书由游海龙执笔并统稿，参与本书编写工作的还有张金力、王鹏、李本正、赵强华、王宇琦等，贾新章教授对全书进行了审阅。同时，本书的编写得到了 OrCAD/PSpice 软件中国代理——北京迪浩公司的大力支持，提供了部分仿真案例，在此一并表示感谢。

为了方便读者利用本书电路案例上机练习，书中所有实验案例可以通过北京迪浩公司网站(http:\\www.bjdihao.com.cn)或者联系作者免费索取(游海龙，hlyou@mail.xidian.edu.cn)。

由于 OrCAD/PSpice 17 版本近期才推出，扩展的功能较多、涉及面广、实用性强，加之编者时间仓促、水平有限，书中难免有不妥之处，欢迎读者提出宝贵意见。

编著者

2019 年 3 月于西安电子科技大学微电子学院

目　　录

第一部分　绪　　论

第 1 章　EDA 技术简介 3
第 2 章　OrCAD/PSpice 软件简介及其功能模块 5
第 3 章　OrCAD/PSpice 的有关规定与设计流程 8

第二部分　基本操作实验

实验一　电路原理图的绘制 15
实验二　电子电路的直流分析 27
实验三　电子电路的交流分析 34
实验四　瞬态分析与激励信号的设置 40
实验五　参数扫描分析 53
实验六　波形显示与分析 63
实验七　PSpice 的统计分析 70
实验八　数字电路的 PSpice 分析 77
实验九　PSpice 的高级分析(一) 85
实验十　PSpice 的高级分析(二) 93
实验十一　Matlab 与 PSpice 的 SLPS 联合仿真 100
实验十二　变压器模块的分析 108
实验十三　EMI 滤波电路的分析 119
实验十四　差分放大电路的分析 130
实验十五　MOS 偏置电路的分析 136

第三部分 综合仿真实验

综合实验一 音频放大器的仿真验证 147
综合实验二 DC/DC 电源电路的仿真 162
综合实验三 两级负反馈放大器的设计 174
综合实验四 Cascode 电路的优化设计 180
综合实验五 共射-差分放大电路的仿真 186
综合实验六 话筒语音放大与混音电路仿真 199
综合实验七 一种用于高温半导体器件的驱动电路的仿真 207
综合实验八 基于 PSpice 的 CMOS 集成运算放大电路的仿真 216
综合实验九 四阶巴特沃斯带通滤波器的仿真 227
综合实验十 有源带通滤波器的仿真 235

附录一 PSpice 中的函数及功能 245
附录二 OrCAD/PSpice 快捷键汇总 247

参考文献 249

第一部分 绪论

第1章 EDA 技术简介

1. CAD 技术与 EDA 技术

现代电子产品在性能提高、复杂度增加的同时，成本却一直呈下降趋势，而且产品更新换代的步伐也越来越快。这种进步得益于生产制造技术和电子设计技术的发展。前者以微细加工技术为代表，目前已进展到纳米阶段，可以在数平方厘米的芯片上集成数千万甚至上亿个晶体管；后者的核心就是 EDA(Electronic Design Automation)技术。EDA 是指以计算机为工作平台，融合了应用电子技术、计算机技术、智能化技术最新成果而研制成的电子电路辅助设计通用软件包，能辅助进行 IC(Integrated Circuit)设计、电子电路设计以及印制电路板(Printed Circuit Board，PCB)设计三方面的设计工作。没有 EDA 技术的支持，想要完成上述超大规模集成电路的设计制造是不可想象的。反过来，生产制造技术的不断进步又必将对 EDA 技术提出新的要求。

电子线路的设计方式分为人工设计、计算机辅助设计(CAD)和电子设计自动化(EDA)三种不同类型。

(1) 人工设计。如果方案的提出、验证和修改都是人工完成的，就称之为人工设计。这是一种传统的设计方法，其中设计方案的验证一般都采用搭试验电路进行多参数测试的方式进行。人工设计方法花费高、效率低。从 20 世纪 70 年代开始，随着电子线路设计要求的提高以及计算机的广泛应用，电子线路设计也发生了根本性的变革，出现了 CAD 和 EDA。

(2) 计算机辅助设计(CAD)。计算机辅助设计(Computer Aided Design，CAD)是在电子线路设计过程中，借助于计算机来帮助设计人员快速、高效地完成设计任务。具体地说，CAD 由设计者根据要求进行总体设计，并提出具体的电路设计方案，包括电路的拓扑结构以及电路中每个元器件的取值，然后利用计算机存储量大、运算速度快的特点，对设计方案进行人工难以完成的模拟评价、设计检验和数据处理等工作。发现有错误或方案不理想时，再重复上述过程。这就是说，CAD 工作模式的特点是由人和计算机共同完成电子线路的设计任务。

(3) 电子设计自动化(EDA)。CAD 技术本身是一种通用技术，在机械、建筑，甚至服装等各种行业中均已得到广泛应用。在电子行业中，CAD 技术不但应用面广，而且发展很快，在实现电子设计自动化(Electronic Design Automation，EDA)方面取得了突破性的进展。目前在电子设计领域，设计技术正处于从 CAD 向 EDA 过渡的进程中。

2. CAD/EDA 技术的优点

采用 CAD/EDA 技术具有下述优点：

(1) 缩短设计周期。采用 CAD/EDA 技术，用计算机模拟代替搭试电路的方法，可以减轻设计方案验证阶段的工作量。一些自动化设计软件的出现，更是极大地加速了设计进程。另外，在设计印制电路板时，目前也有不少具有自动布局布线和后处理功能的印制电路板设计软件可供采用，从而将人们从繁琐的纯手工布线中解放出来，进一步缩短了设计周期。

(2) 节省设计费用。搭试验电路费用高、效率低。采用计算机进行模拟验证就可以节省研制费用。特别要指出的是，伴随着微机的迅速发展和普及，以及微机级 CAD/EDA 软件水平的不断提高，计算机硬件投资要求不大，CAD/EDA 软件费用也不太高，促进了 CAD/EDA 技术的推广使用。

(3) 提高设计质量。传统的手工设计方法大多采用简化电路及元器件模型进行电路特性的估算，通过搭试验电路板的方式进行验证，很难进行多种方案的比较，更难以进行灵敏度分析、容差分析、成品率模拟、最坏情况分析和优化设计。采用 CAD/EDA 技术则可以采用较精确的模型来计算电路特性，而且很容易实现上述各种分析。这就可以在节省设计费用的同时提高设计质量。

(4) 拥有易于共享的设计资源。在 CAD/EDA 系统中，成熟的单元设计及各种模型和模型参数均存放在数据库文件中，用户可直接分享这些设计资源。特别是对数据库内容进行修改或添加新内容后，用户可及时利用这些最新的资源。

(5) 具有强大的数据处理能力。由于计算机具有存储量大、数据处理能力强等特点，因此在完成电路设计任务后，可以快速生成满足各种需要的数据文件和报表文件。

第一部分 绪 论

第2章 OrCAD/PSpice 软件简介及其功能模块

1. OrCAD/PSpice 软件

在微机级 CAD/EDA 软件系统中，PSpice 是对电路进行模拟仿真和优化设计的一款著名的软件。至今为止，该软件的发展经历了下述几个主要阶段：

(1) SPICE 软件。PSpice 软件的前身是 SPICE，其全称为 Simulation Program with Integrated Circuit Emphasis，即重点用于集成电路的模拟程序。最早的 SPICE 软件的推出是在 20 世纪 70 年代初，当时集成电路规模发展到以 1 KB 存储器为代表的大规模集成电路，继续采用人工设计这种传统方法已经很难较好地完成设计任务。在这种情况下，为适应集成电路 CAD 的需要，美国加州大学伯克利分校于 1972 年推出了 SPICE 软件，其基本功能是采用计算机仿真的方法模拟验证由设计人员设计的电路是否满足电路功能和特性参数等方面的设计要求。1975 年，其推出的 SPICE 2G 版达到实用化程度，得到广泛推广。

(2) PSpice 1 软件。SPICE 软件的运行环境要求至少为小型计算机。1983 年，随着微型个人计算机的出现和发展，美国 MicroSim 公司推出了可在 PC 机上运行的 PSpice 1 软件，其名称中的第一个字母 P 就代表这是在 PC 机上运行的 SPICE 版本。

(3) OrCAD/PSpice。1998 年，MicroSim 公司并入 OrCAD 公司，推出 OrCAD/ PSpice 8。

(4) Cadence/OrCAD/PSpice。2000 年，OrCAD 公司并入 Cadence 公司，软件名称仍然称为 OrCAD/PSpice，版本号已发展到 PSpice 9.2，其基本功能是对模拟电路(Analog)和数字电路(Digital)的功能特性进行模拟验证，因此 PSpice 软件又称为 PSpice AD。

(5) PSpice AA。2003 年推出的 OrCAD/PSpice 10 版本增加了"Advanced Analysis"高级分析功能，简称为 PSpice AA。

(6) SLPS。PSpice 软件的功能特点是在"电路级"进行电路的模拟仿真，具有精度高的特点，但是也存在仿真过程耗时长的缺点。而 Matlab/Simulink 软件的功能特点是在系统级层次进行"行为级"的模拟，因此仿真速度很快，但由于主要是功能验证，故电路层次的特性参数信息较少。基于上述特点，OrCAD/PSpice 10.5 版本推出了 SLPS 模块，其中 SL 代表 SimuLink，PS 代表 PSpice。SLPS 模块的功能特点是对电路系统同时调用 Simulink 和 PSpice 进行组合模拟仿真，使得模拟仿真精度接近单独调用 PSpice 进行电路级仿真的水平，而模拟仿真需要的时间仅略大于单独调用 Simulink 进行行为级仿真所需要的时间。

(7) PSpice 17。目前 PSpice 软件的最新版本是 2016 年 Cadence 发布的新版本 OrCAD 17.2-2016，其拥有完整的电子设计解决方案，包含电路设计、功能验证与 PCB 布局，以及众多高效辅助设计工具，重点在模型、算法、收敛性方面做了很大改进。

经过近 50 年的发展和应用，OrCAD/PSpice 实际上已成为微机级电路模拟的"标准软件"。

本书结合最新的 OrCAD/PSpice 17[1-4]，通过基本操作实验与综合仿真实验，介绍该软件的主要功能和使用方法，同时结合实验分析和实际电路设计，说明软件使用技巧以及在使用过程中需要注意的事项，以使读者能掌握电子设计自动化的概念和电路仿真设计知识，以及正确合理使用软件。

2. PSpice 软件的主要构成

PSpice 软件的组成和调用流程如图 1-2-1 所示。

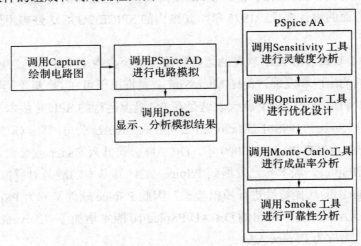

图 1-2-1　PSpice 软件组成和调用流程

由图可见，调用 PSpice 软件完成电路模拟和优化设计涉及四个软件模块：

(1) Capture：绘制电路图。

(2) PSpice AD：对电路进行模拟仿真。

(3) Probe：显示、分析模拟结果。

(4) PSpice AA：对通过了模拟验证的电路进一步进行灵敏度分析、优化设计以及成品率和可靠性分析验证。

3. PSpice AD 的配套功能软件模块

OrCAD 软件包中进行电路模拟分析的核心软件是 PSpice AD。为使模拟工作做得更快、更好，PSpice AD 还提供了配套功能软件(模块)。它们之间的相互关系如图 1-2-2 所示。

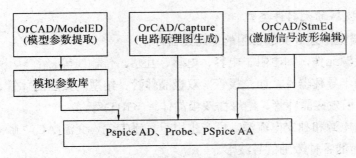

图 1-2-2　PSpice 与配套功能软件(模块)

(1) 电路图生成软件 Capture，其主要功能是以人机交互方式在屏幕上绘制电路原理图，设置电路中元器件的参数，生成多种格式要求的电连接网表。在该软件中可直接运行 PSpice 及其他配套软件。

(2) 激励信号波形编辑软件 StmEd(Stimulus Editor)，其主要功能是生成电路模拟中需要的各种信号源，包括瞬态分析中需要的脉冲、分段线性、调幅正弦、调频、指数等 5 种信号波形和逻辑模拟中需要的时钟、脉冲、总线等各种信号。

(3) 模型参数提取软件 ModelEd(Model Editor)，其主要功能是提取来自厂家器件的数据信息，生成所需要的器件模型参数。尽管 PSpice AD 的模型库中提供了一万多种元器件的模型参数，但在实际应用中仍有用户有其他需求，这时 ModelEd 软件就显得至关重要。

(4) 波形显示和分析模块 Probe，其主要功能是将 PSpice 的分析结果用图形显示出来。Probe 不仅能显示电压、电流这些基本电路参量的波形，还可显示由基本参量组成的任意表达式的波形，所以有"示波器"之称。

(5) 2003 年推出的 OrCAD/PSpice10 版本增加了"Advanced Analysis"高级分析功能，简称为 PSpice AA，其主要功能是对通过了模拟验证的电路进一步进行灵敏度分析、优化设计以及成品率和可靠性分析验证。

第3章　OrCAD/PSpice 的有关规定与设计流程

1. PSpice 支持的元器件与信号源

1) PSpice 支持的元器件类型

PSpice 可模拟下述 6 类最常用的电路元器件：

(1) 基本无源元件，如电阻、电容、电感、互感、传输线等。

(2) 常用的半导体器件，如二极管、双极晶体管、结型场效应晶体管、MOS 场效应晶体管、GaAs 场效应晶体管、绝缘栅双极晶体管(IGBT)等。

(3) 独立电压源和独立电流源，可产生用于直流(DC)、交流(AC)、瞬态(TRAN)分析和逻辑模拟所需的各种激励信号波形。

(4) 各种受控电压源、受控电流源和受控开关。

(5) 基本数字电路单元，包括常用的门电路、传输门、延迟线、触发器、可编程逻辑阵列、RAM、ROM 等。

(6) 常用的单元电路，特别是像运算放大器一类的集成电路，可将其作为一个单元电路整体出现在电路中，而不必考虑该单元电路的内部电路结构。

2) PSpice 规定的元器件类别及其字母代号

PSpice 为不同类别的元器件赋给了不同的字母代号，如表 1-3-1 所示。在电路图中，不同元器件编号的第一个字母必须遵守表中规定。

表 1-3-1　PSpice 支持的元器件类别及其字母代号(按字母顺序)

字母代号	元器件类别
B	GaAs 场效应晶体管
C	电容
D	二极管
E	受电压控制的电压源
F	受电流控制的电流源

续表

字母代号	元器件类别
G	受电压控制的电流源
H	受电流控制的电压源
I	独立电流源
J	结型场效应晶体管(JFET)
K	互感(磁芯)，传输线耦合
L	电感
M	MOS 场效应晶体管(MOSFET)
N	数字输入
O	数字输出
Q	双极晶体管
R	电阻
S	电压控制开关
T	传输线
U	电路单元
U STIM	数字电路激励信号源
V	独立电压源
W	电流控制开关
X	单元子电路调用
Z	绝缘栅双极晶体管(IGBT)

3) PSpice 支持的信号源类型

对电路进行模拟分析时，输入端可以施加的激励信号源包括模拟电路仿真中可以使用的信号源和数字电路仿真中可以使用的信号源。

模拟电路仿真中可以使用的信号源包括：

(1) 直流电流/电压源。

(2) 用于交流小信号分析的标准交流电流/电压信号源。

(3) 用于瞬态分析的电流/电压信号源只能是脉冲源、分段线性源、正弦调幅信号、正弦调频信号、指数信号，共 5 种。

说明：有些特殊信号也可以转化为 PSpice 所支持的波形格式。例如，采用 Matlab 生成的噪声信号，就可以采用分段线性信号描述格式转化为供 PSpice 瞬态分析时的输入信号。

数字电路仿真中可以使用的信号源包括：

(1) 时钟信号。

(2) 一般脉冲信号源，包括高电平信号和低电平信号。

(3) 总线信号，包括 2 位、4 位、8 位、16 位和 32 位，共 5 种总线信号。

2. 运行 PSpice 的有关规定

1) PSpice 中的数字

在 PSpice 中，数字通常采用科学表示方式，即可以使用整数、小数和以 10 为底的指数。采用指数表示时，字母 E 代表作为底数的 10。对于比较大或比较小的数字，还可以采用 10 种比例因子，如表 1-3-2 所示。例如，1.23K、1.23E3 和 1230 均表示同一个数。

表 1-3-2 PSpice 中采用的比例因子

符号	比例因子	名称
F	10^{-15}	飞(femto-)
P	10^{-12}	皮(pico-)
N	10^{-9}	纳(nano-)
U	10^{-6}	微(micro-)
MIL	25.4×10^{-6}	密耳(mil)
M	10^{-3}	毫(milli-)
K	10^{+3}	千(kilo-)
MEG	10^{+6}	兆(mega-)
G	10^{+9}	吉(giga-)
T	10^{+12}	太(tera-)

注意：

(1) 比例因子可用大写也可用小写，而且该软件不区分大小写字母，如 m 和 M 都表示 10^{-3}，而国标规定，m 表示 10^{-3}，M 表示 10^{+6}。为了防止混淆，在该软件中用 MEG 三个字母(大小写均可)表示 10^{+6}。这一点在使用时应特别小心。

(2) 比例因子只能用英文字母，如 10^{-6} 用 U 或 u 表示，而国标规定 10^{-6} 用 μ 表示。

这一点在使用时也应注意,如 1 微安电流应写为 1 uA 或者 1 UA。

2) PSpice 中的单位

PSpice 中采用的是实用工程单位制,即时间单位为秒(s),电流单位为安培(A),电压单位为伏(V),频率单位为赫兹(Hz),等等。在运行过程中,PSpice 会根据具体对象,自动确定其单位。因此在实际应用中,代表单位的字母可以省去。例如,表示 470 kΩ 的电阻时,用 470 K、4.7E5 等均可。对于几个量的运算结果,PSpice 也会自动确定其单位。例如,若出现电压与电流相乘的情况,则 PSpice 将自动给运算结果确定单位为描述功率的单位"瓦特"(W)。

3) PSpice 中的运算表达式和函数

在使用 PSpice 的过程中,往往要使用很多表达式。PSpice 中的表达式由运算符、数字、参数和变量构成。

在构成表达式时,可采用的运算符如表 1-3-3 所示。

表 1-3-3 PSpice 中采用的运算符

运算符		含 义
算术 运算符	+	加(或字符相连)
	−	减
	*	乘
	/	除
	**	指数运算
逻辑 运算符	~	非(NOT)
	|	布尔"或"(OR)
	^	布尔"异或"(XOR)
	&	布尔"与"(AND)
关系 运算符 (在 IF( ) 函数中)	==	等于
	!=	不等于
	>	大于
	>=	大于或等于
	<	小于
	<=	小于或等于

PSpice 中可引用的函数式参见附录 1。

3. PSpice 进行电路设计的流程

一般情况下，在设计电子线路的过程中，参照图 1-3-1 所示的工作流程进行操作，可以比较好地完成电路设计任务。

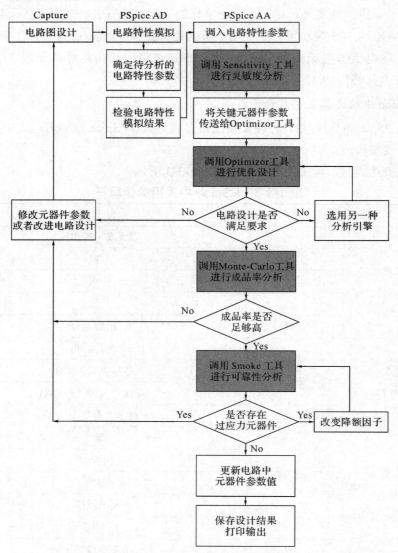

图 1-3-1　调用 PSpice 软件进行电路设计的流程

第二部分

基本操作实验

实验一　电路原理图的绘制

一、实验目的

(1) 熟悉电路图绘制软件 Capture 的界面，掌握菜单和按钮的功能。

(2) 了解元器件库及其元器件类型，能够调用相关元器件绘制实际电路，掌握元器件调用与设置参数的方法。

(3) 掌握网表文件的查看方法，并了解网表文件的含义。

二、实验原理

1. 电路图设计的过程

采用 Capture 绘制电路图主要由四步构成，如图 2-1-1 所示。

图 2-1-1　Capture 设计过程

Capture 有三个主要工作窗口：

(1) Project 管理视窗：管理与原理图相关的一系列文件，相当于资源管理器。

(2) Schematic 窗口：原理图窗口，相当于一张图纸。

(3) 信息查看窗口(Session Log)：用于显示相关操作的提示或出错信息。

2. 常用元件库

Capture 常用元件库包括：

(1) ANALOG：模拟电子电路元件，如电阻、电容、电感等。

(2) BIPOLAR：三极管。

(3) DIODE：二极管。

(4) SOURCE：电源，如直流电压、电流源、交流电压、电流源。

(5) SPECIAL：一些特殊元件，如电压表和电流表。

3. 常用操作

绘制电路图时常用的操作有：

(1) 放置电源：单击"Place→Power"，或者单击 ![] 图标，或者利用快捷键 F。

(2) 放置接地符号：单击"Place→Ground"，或者单击 ![] 图标，或者利用快捷键 G。

(3) 绘制互连线：单击"Place→Wire"，或者单击 ![] 图标，或者利用快捷键 W。

(4) 放置节点：单击"Place→Junction"，或者单击 ![] 图标，或者利用快捷键 J。

4. 电路元素放置方位的改变

选中电路元素后，选择执行快捷菜单中的"Mirror Horizontally"、"Mirror Vertically"或"Rotate"子命令，可以使选中的电路元素符号在水平方向和垂直方向做镜像翻转，或者是逆时针旋转 90°。"Edit"主命令菜单中的"Rotate"和"Mirror"(及其下一层次的三条子命令"Horizontally"、"Vertically"、"Both")也起同样的旋转和镜像翻转作用。

5. 电路原理图的后处理

绘制好电路原理图之后，接下来就要对电路图进行 DRC 检测，生成网表及材料清单。对于 Capture 来说，生成网表是它的另一项特殊功能。在 Capture 中，可以生成多种格式的网表(共 39 种)，以满足各种不同 EDA 软件的需要。

单击"Tools→Create Netlist…"，在对话框中选择需要的 EDA 软件格式，再单击"确定"即可生成相应的网表。

如果随之对绘制好的电路图进行 PSpice 仿真，则无需设计人员进行这一步操作，软件内部将自动进行相关操作，生成满足 PSpice 格式的网表文件。

三、实验内容

(1) 按电路图 2-1-2 所示，绘制三极管放大电路，并设置正确的有关参数和网络节点标号。

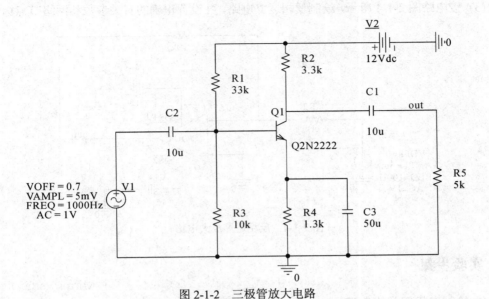

图 2-1-2 三极管放大电路

(2) 按电路图 2-1-3 所示,绘制差分放大电路,并设置正确的有关参数和网络节点标号。

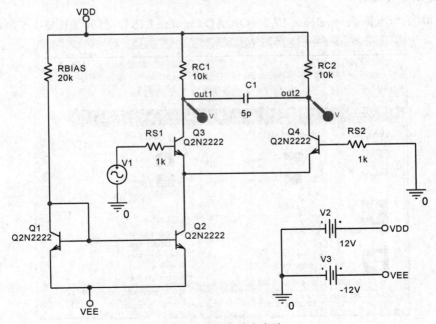

图 2-1-3 差分放大电路

(3) 按电路图 2-1-4 所示，绘制反相运算电路，并设置正确的有关参数和网络节点标号。

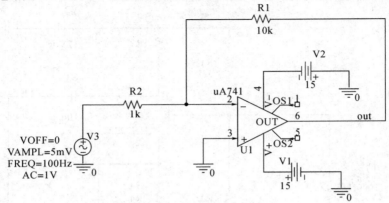

图 2-1-4　反相运算放大电路

四、实验步骤

1. 绘制三极管放大电路

1) 建立仿真文件

(1) 单击"Cadence→release 17.2→OrCAD Capture CIS"，打开如图 2-1-5 所示界面。

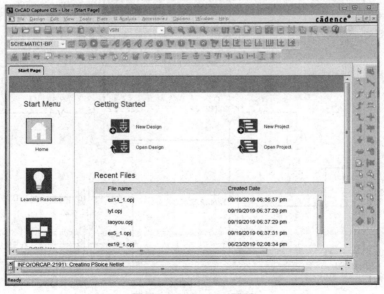

图 2-1-5　Capturer 界面

(2) 单击"File→New→Project",建立一个新的工程,如图 2-1-6 所示。

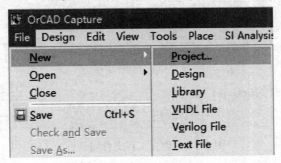

图 2-1-6 新建工程子命令

(3) 在打开的对话框中输入文件名,如"DC";在下面的单选项中选择"PSpice Analog or Mixed A/D",如图 2-1-7 所示。

注意:如果要对绘制的电路图进行 PSpice 模拟仿真,则必须选中该单选项。

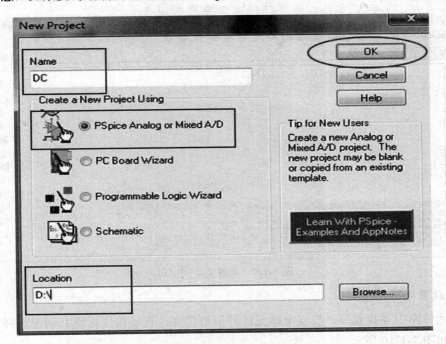

图 2-1-7 建立新工程对话框

(4) 在"Location"中指定文件存放的文件夹后,单击"OK"按钮,出现如图 2-1-8 所示界面。

图 2-1-8 创建工程文件对话框

(5) 在"Create based upon an existing project"下可以看到许多已有的工程和电路图名称。这里选择"Create a blank project",进入到仿真电路图绘制窗口,并开始绘制电路图,如图 2-1-9 所示。

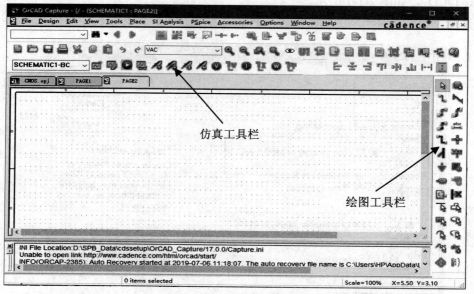

图 2-1-9 电路图绘制窗口

2) 放置电路元件

从元件库中寻找元件,放置电路元件并调整位置。直接按快捷键 P 调出选择元件对话框,如图 2-1-10 所示。

从 OrCAD/Capture 符号库中调用合适的元器件符号(如电阻、电容、晶体管、电源和接地符号等),放于电路图中合适的位置。

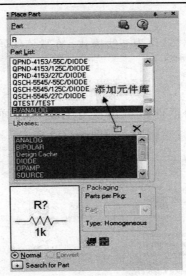

图 2-1-10 选择元件对话框

图 2-1-11 中的双极晶体管 Q1 从 BIPOLAR 库中调用；电容和电阻从 ANALOG 库中调用；V1 和 V2 从 SOURCE 库中调用；接地符号从 SOURCE 库中调用，名称为 0。如图 2-1-10 所示，选择输入"R"，找到在 ANALOG 下的电阻器件，双击它就可以将之放置到绘图窗口中。所有元件放置好并设置好相关参数后如图 2-1-11 所示。

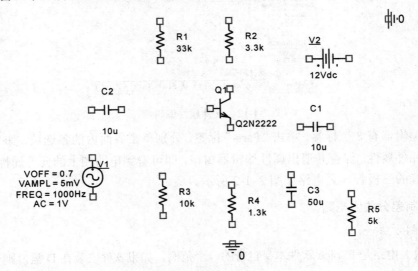

图 2-1-11 放大器电路元件

3) 连线

直接按 W 键将编辑模式转化为连线模式，在欲连线始端单击鼠标左键，依次将所有连线连接。

4) 编辑元件属性

选中需要编辑属性的器件，单击鼠标右键，在弹出的快捷菜单中选择"Edit Properties"，系统会弹出属性编辑器，如图 2-1-12 所示。

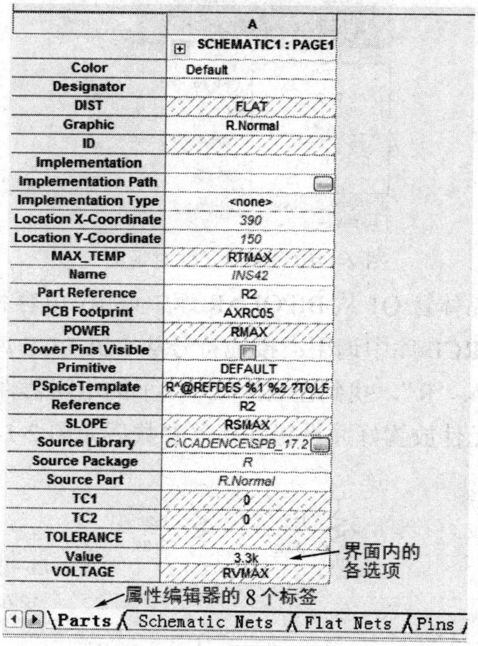

	A
	⊞ SCHEMATIC1 : PAGE1
Color	Default
Designator	
DIST	FLAT
Graphic	R.Normal
ID	
Implementation	
Implementation Path	
Implementation Type	<none>
Location X-Coordinate	390
Location Y-Coordinate	150
MAX_TEMP	RTMAX
Name	INS42
Part Reference	R2
PCB Footprint	AXRC05
POWER	RMAX
Power Pins Visible	
Primitive	DEFAULT
PSpiceTemplate	R^@REFDES %1 %2 ?TOLE
Reference	R2
SLOPE	RSMAX
Source Library	C:\CADENCE\SPB_17.2
Source Package	R
Source Part	R.Normal
TC1	0
TC2	0
TOLERANCE	
Value	3.3k
VOLTAGE	RVMAX

← 界面内的各选项

← 属性编辑器的 8 个标签

◀▶\Parts ⟨Schematic Nets ⟨Flat Nets ⟨Pins⟩

图 2-1-12 元件属性编辑器

属性编辑器有 8 个标签，单击"Parts"标签，分别单击界面内的各选项，如"Value"，可设置各元件属性。保存并退出属性编辑器窗口，即可看到电路图上的元件属性已修改。

绘制好的三极管放大电路如图 2-1-2 所示。

2. 绘制差分放大电路

1) 绘制方法一

差分放大电路是 PSpice 软件本身自带的一个范例。如果软件安装在 D 盘，则该差分电路设计项目所在路径为 D:\cadence\SPB_17.2\tools\pspice\capture_samples\anasim\example\example.opj，直接调用即可。

2) 绘制方法二

(1) 在新建好的工程的基础上,从元件库中找到元件,放置并调整元件位置,其中 Q2N2222 从 BIPOLAR 库调用,V1 是调用 SOURCE 库中的 VAC 符号绘制的,结果如图 2-1-13 所示。

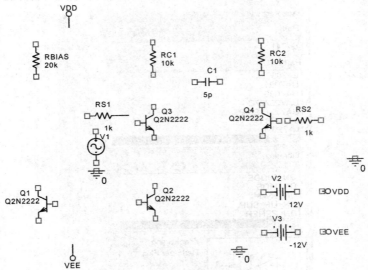

图 2-1-13　差分放大电路元件

(2) 连线并设置元件属性。连接元件,并设置其参数。这里需设置的参数较少,可以采用单个点击的方式设置:单击需要设置的属性参数,弹出如图 2-1-14 所示的对话框,在对话框中输入需要设置的属性值。

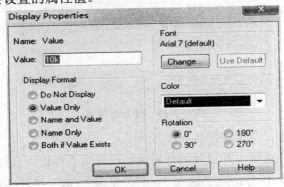

图 2-1-14　元件属性设置对话框

绘制好的电路图如图 2-1-3 所示。

3. 绘制反相运算放大电路

(1) 进入绘图区，寻找元件库，V3 可在 SOURCE 库中的 VSIN 中找到；运算放大器 uA741 在 OPAMP 库中寻找。如果不知道某元件所在的库名，则可以使用元件对话框的"Search for Part"搜索，如图 2-1-15 所示，这里在对话框中输入"uA741"搜索。

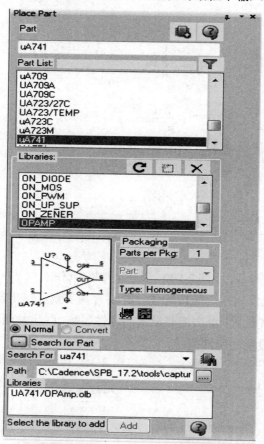

图 2-1-15 搜索对话框

(2) 放置电路元件，结果如图 2-1-16 所示。

(3) 依次将各元件连接，并设置元件属性。设置节点标识：直接按 N 键，弹出如图 2-1-17 所示的对话框，在对话框中输入"out"，单击"OK"按钮，在欲放置 out 的地方单击鼠标左键即可。

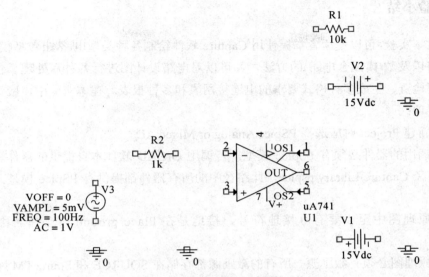

图 2-1-16 反相运算放大电路元件

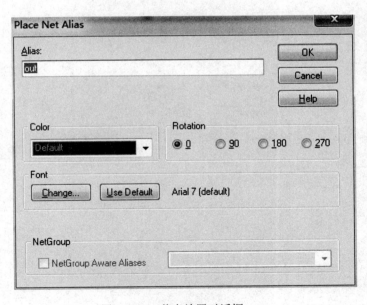

图 2-1-17 节点放置对话框

完成节点标识设置，最终得到反相运算放大电路图，如图 2-1-4 所示。

五、实验小结

通过本实验,可以使读者掌握使用 Capture 软件绘制各种类型电路图(包括模拟电路、数字电路以及数/模混合电路)的方法,并可以对电路设计图进行各种后处理,包括进行电学规则检查、生成多种格式要求的电连接网表和多种报表。在本实验中,应该注意以下实验事项:

(1) 新建 Project 时应选择 PSpice Analog or Mixed AD。

(2) 调用的器件必须有 PSpice 模型。若调用 OrCAD 软件本身提供的器件,则可调用存储路径 Capture\Library\pspice,此路径中的所有器件都提供有 PSpice 模型,可以直接调用。

(3) 原理图中至少要有 0 接地符号,接地是在 Place ground 中选择名称为 0 的符号。

(4) 原理图必须有激励源。所有的激励源都存储在 SOURCE 和 SourceTM 库中。

实验二 电子电路的直流分析

一、实验目的

(1) 掌握对电子电路进行直流分析的方法,包括静态工作点分析和直流特性扫描分析。

(2) 掌握上述基本分析的设置方法,对实际电路进行直流特性分析;正确显示各种波形图,并根据波形图对电路特性进行正确分析。

二、实验原理

1. 静态工作点分析(Bias Point)

静态工作点分析指在电路中电感短路、电容开路的情况下,对各个信号源取其直流电平值,利用迭代的方法计算电路的静态工作点。分析结果包括:各个节点电压、流过各个电压源的电流、电路的总功耗、晶体管的偏置电压和电流及在此工作点下的小信号线性化模型参数。分析结果自动存入.out 输出文件中。在电子电路中,确定静态工作点是十分重要的,因为有了它便可确定半导体晶体管等的小信号参数值。尤其是在放大电路中,晶体管的静态工作点直接影响到放大器的各种动态指标。

2. 直流特性扫描分析(DC Sweep)

直流特性扫描分析指当电路中某一参数(称为自变量)在一定范围内变化时,对自变量的每一个取值,计算电路的直流偏置特性(称为输出变量)。在分析过程中,将电容开路、电感短路,各个信号源取其直流电平值;若电路中还包括逻辑单元,则将每个逻辑器件的延时取值为 0,逻辑信号激励源取其 $t=0$ 时的值。

在进行直流特性扫描分析时,还可以指定一个参变量并确定其变化范围。对参变量的每一个取值,均使自变量在其变化范围内按每一个设定值,计算输出变量的变化情况。直流特性扫描分析在分析放大器的转移特性、逻辑门的高低逻辑阈值等方面均有很重要的作用。

三、实验内容

(1) 对图 2-2-1 所示的三极管放大电路进行直流分析,列出电路中各节点的偏置电压、输入阻抗和输出阻抗,得到三极管的输出特性曲线(V2 变化范围为 0 V～12 V,I1 变化范围为 0 μA～10 μA)。

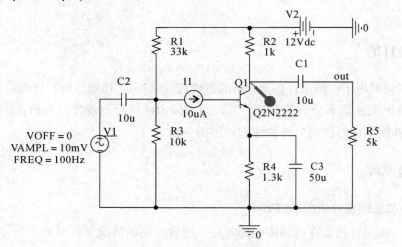

图 2-2-1 三极管放大电路

(2) 分析图 2-2-2 所示的简单 MOS 晶体管的输出特性。分析时以电压源 VD 为自变量按 0 V～5 V 以步长 0.1V 变化。以 VG 为参变量,从 2 V～5 V 以步长 0.5 V 变化,完成 DC 分析,然后得到 MOS 晶体管的输出特性曲线。

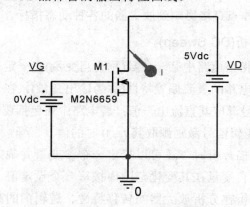

图 2-2-2 简单 MOS 晶体管输出特性电路

四、实验步骤

1. 分析三极管放大电路

1) 静态工作点分析

(1) 绘制三极管放大电路图,执行"PSpice→New Simulation"命令,得到如图 2-2-3 所示的对话框。在"Name"中输入仿真文件名,如:"DC",单击"Create"后,在原来的工程文件夹中就会自动生成一个名为"DC"的文件夹。后面所做的仿真结果和工程均保存在该文件夹下,以便于管理。

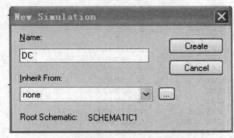

图 2-2-3 仿真参数设置对话框

(2) 完成图 2-2-3 后,会弹出如图 2-2-4 所示的仿真参数设置窗口。

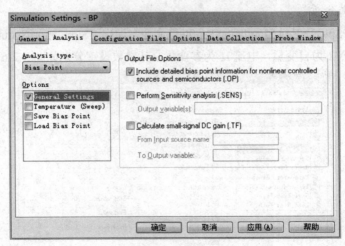

图 2-2-4 仿真参数设置窗口

在"Analysis type"(分析类型)中选取"Bias Point",在"Output File Options"栏选中选择"Include detailed bias point information for nonlinear controlled sources and semiconductors(.OP)"。

(3) 单击仿真工具栏中的 ▶ 图标运行仿真，单击 Ⓥ Ⓘ Ⓦ 图标，相应的节点电压、支路电流、功率等信息将直接显示在电路图上。图 2-2-5 所示是输出文件中存放的晶体管直流工作点信息。

```
**** BIPOLAR JUNCTION TRANSISTORS

NAME         Q_Q1
MODEL        Q2N2222
IB           1.00E-05
IC           1.62E-03
VBE          6.57E-01
VBC          -3.89E+00
VCE          4.54E+00
BETADC       1.62E+02
GM           6.22E-02
RPI          2.85E+03
RX           1.00E+01
RO           4.82E+04
CBE          6.23E-11
CBC          3.92E-12
CJS          0.00E+00
BETAAC       1.77E+02
CBX/CBX2     0.00E+00
FT/FT2       1.50E+08
```

图 2-2-5 输出文件中晶体管的工作点信息

2) 电压扫描分析

(1) 执行"PSpice→Edit Simulation Profile"命令，调出"Simulation Settings"对话框，分析时选择电压源 V2 为自变量，电流 I1 为参变量，其参数设置分别如图 2-2-6、图 2-2-7 所示。

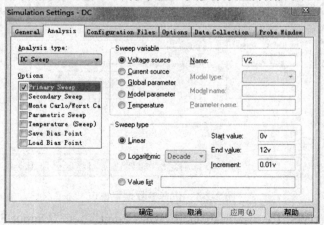

图 2-2-6 自变量参数设置窗口

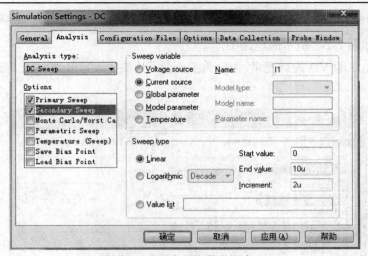

图 2-2-7 参变量参数设置窗口

(2) 在"Simulation Settings"窗口中单击"确定"按钮,保存设置的参数并退出。

(3) 单击 ▶ 图标进行仿真,并单击 图标放置电流观测探针,自动调用 Probe 模块,分析完成后,可以看到如图 2-2-8 所示的双极晶体管输出特性曲线。

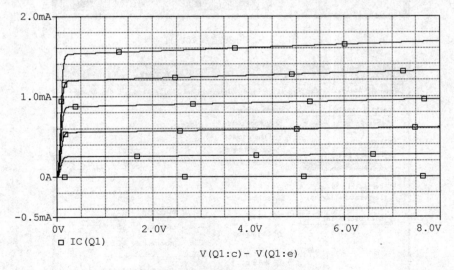

图 2-2-8 双极晶体管输出特性曲线

注意:DC 扫描的自变量是 V2,为了显示晶体管的输出特性,应该将 x 坐标变量改为晶体管的 Vce,如图 2-2-8 所示。

2. 分析简单 MOS 电路

(1) 绘制如图 2-2-2 所示的电路图。

(2) 选择电压源 VD 为自变量，VG 为参变量，其参数设置分别如图 2-2-9、图 2-2-10 所示。

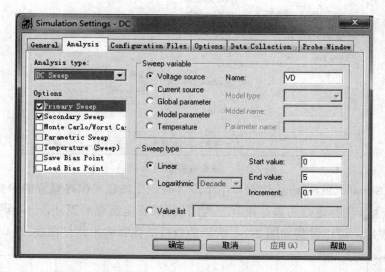

图 2-2-9　自变量参数设置

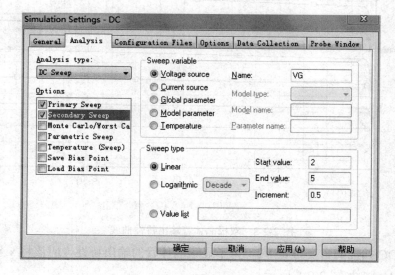

图 2-2-10　参变量参数设置

(3) 放置电流观测探针,位置如图 2-2-2 所示。

(4) 运行 PSpice,调用 Probe 模块,分析完成后,便可以看到如图 2-2-11 所示 MOS 晶体管输出特性曲线。

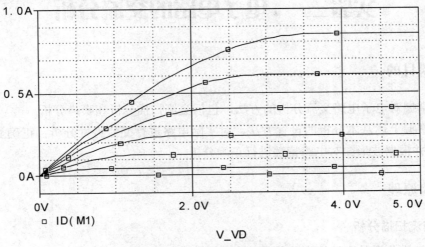

图 2-2-11　MOS 晶体管输出特性曲线

五、实验小结

本实验目的是使读者掌握使用 PSpice 进行静态工作点分析(Bias Points)、直流特性扫描分析(DC Sweep)的方法。除了要掌握基本电路特性分析的操作方法,还要重点掌握设置基本电路特性分析参数的方法,以保证特性分析的顺利进行。

本实验需要注意以下事项:

(1) 进行参数设置时,对于扫描步长的设定要适中,步长值太大会导致变化趋势不连续,步长值太小会导致模拟时间过长,故应根据电路特性调试确定。

(2) 掌握 Simulation Profiles 在电路模拟中的作用。

(3) 明确静态工作点分析对 AC 交流小信号分析和 TRAN 瞬态分析的意义。

请思考:如果要分析电路的 AC、TRAN 特性,是否必须首先进行静态工作点分析?

实验三　　电子电路的交流分析

一、实验目的

(1) 掌握对电子电路交流分析的方法，包括交流扫描分析和噪声分析。

(2) 掌握上述基本分析的设置方法，对实际电路进行交流特性分析；正确显示各种波形图，并根据波形图对电路特性进行正确分析。

二、实验原理

1. 交流扫描分析

交流扫描分析是指计算电路的交流小信号频率响应特性。分析时，首先计算电路的直流工作点，并在工作点处对电路中各个非线性元件做线性化处理，得到线性化的交流小信号等效电路；然后使电路中交流信号源的频率在一定范围内变化，通过交流小信号等效电路计算电路输出交流信号随频率的变化。

2. 噪声分析

噪声分析是指针对电路中无法避免的噪声所做的分析，通常与交流扫描分析一起使用。电路中所计算的噪声通常是电阻上产生的热噪声、半导体元器件产生的散粒噪声和闪烁噪声。PSpice 程序 AC 分析的每个频率点对指定输出端计算出等效输出噪声，同时对指定输入端计算出等效输入噪声。输出和输入噪声电平都对噪声带宽的平方根进行归一化，噪声电压的单位是 V/Hz，噪声电流的单位是 A/Hz。

三、实验内容

(1) 对图 2-3-1 所示的带通滤波器电路进行交流扫描分析，得到输出端波形幅频和相频特性曲线，并计算该带通滤波器的带宽。此电路路径为…\cadence\SPB_17.2\tools\pspice\tutorial\capture\pspiceaa\bandpass。

第二部分 基本操作实验

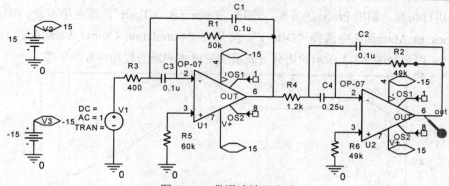

图 2-3-1 带通滤波器电路

注意：在进行交流分析时输入端信号源 V1 中只有参数 AC 是起作用的，该参数一般设为 1，这样在分析电路传递函数的频率特性时，输出端交流信号幅值在数值上即等于放大倍数。

(2) 设置正确的分析参数，对实验一的三极管放大电路进行分析，得到用 DB 表示的输入噪声和输出噪声波形。

四、实验步骤

1. 交流扫描分析

(1) 新建 New Simulation，命名为 AC。调出"Simulation Settings"对话框后，对参数进行如图 2-3-2 的设置。

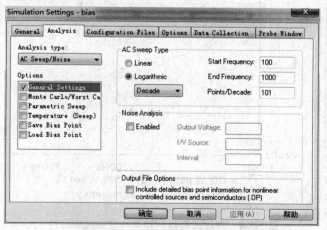

图 2-3-2 交流分析的参数设置

(2) 进行仿真，调出 Probe 的界面，选择"Trace→Add Trace"，或者单击 图标，在 "Functions or Macros"中选择"DB( )"，然后在"Simulation Output Variables"中找到 "V(out)"，得到如图 2-3-3 所示的用分贝表示的带通滤波器的幅频特性波形图。

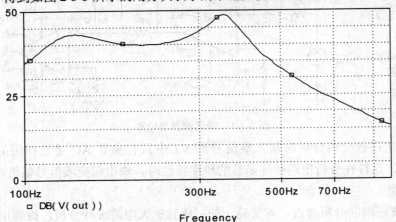

图 2-3-3　用分贝表示的带通滤波器的幅频特性

(3) 单击"Plot→Add Y Axis"，添加一 Y 轴，然后再选择"Trace→Add Trace"，或者单击 图标，在"Functions or Macros"中选择 P( )，然后在"Simulation Output Variables"中找到"V(out)"，得到如图 2-3-4 所示的输出端波形的带通滤波器的相频特性和幅频特性。

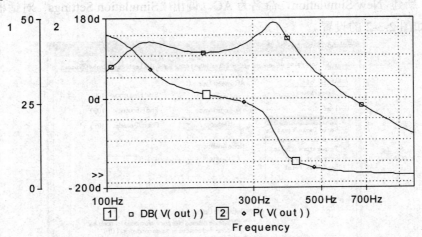

图 2-3-4　带通滤波器的相频特性和幅频特性

(4) 计算该带通滤波器的 3 dB 带宽和上下限频率，可以调用特征函数，单击 图标，弹出如图 2-3-5 所示界面，选择"Bandwidth_Bandpass_3dB(1)"，在"Simulation Output Variables"中选择"V(out)"，在"Trace Expression"中显示"Bandwidth_Bandpass_3dB(V(out))"。

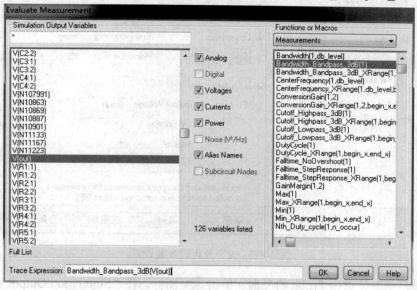

图 2-3-5　添加特征函数窗口

单击"OK"键后，会在波形显示窗口下显示 3 dB 带宽的数值，同理，使用 Cutoff_Highpass_3dB(1)和 Cutoff_Lowpass_3dB(1)函数，计算上下限，结果如图 2-3-6 所示。

	Evaluate	Measurement	Value	Measurement Results
	✓	Bandwidth_Bandpass_3dB(V(out))	64.80206	
	✓	Cutoff_Highpass_3dB(V(out))	316.07038	
▶	✓	Cutoff_Lowpass_3dB(V(out))	380.87244	

图 2-3-6　特征函数计算结果

2. 噪声分析

(1) 设置分析参数，如图 2-3-7 所示。在图 2-3-7 界面中选择"Analysis"标签，设置频率参数，频率范围为 10 Hz～1 MHz。在"Noise Analysis"中选中"Enabled"前的小方框。图中的设置表示将整个电路中的噪声源都集中折算到独立电压源 v1 处，并计算在等效的噪声源的激励下 v(out)处产生的噪声。

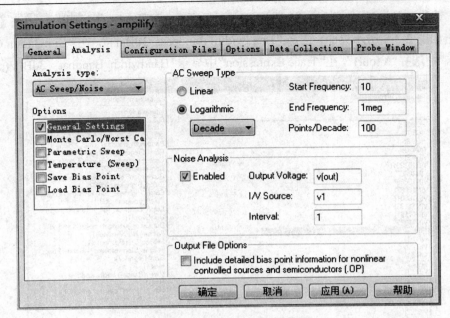

图 2-3-7 噪声分析的参数设置

(2) 进行仿真,调出 Probe 的界面。单击 ![icon] 图标,在"Simulation Output Variables"中找到"V(INOISE)",得到输入噪声的波形,同样还可以通过执行"Plot→Add Y Axis"命令增加 Y 轴,显示输出噪声波形。结果如图 2-3-8 所示。

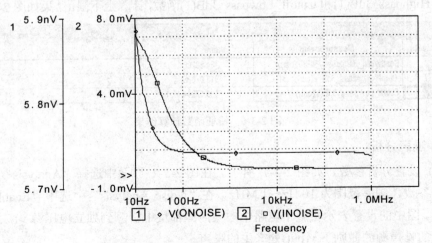

图 2-3-8 噪声分析结果

(3) 单击"View→Output File",可以得到噪声分析的文字输出结果。

五、实验小结

本实验目的是让读者学习并掌握 PSpice 中 AC 小信号基本电路特性分析功能和操作方法,重点是如何设置频率参数以及提取电路特性参数。本实验需要注意以下事项:

(1) 如何理解 AC 信号源只有振幅和相位值而没有频率?

(2) 什么是"小信号"条件?既然是"AC 小信号"分析,为什么 AC 信号源的振幅可以设置为 1 V,从而使分析结果给出的输出端信号振幅可能超过 100 V。

实验四　瞬态分析与激励信号的设置

一、实验目的

(1) 了解各种激励信号中参数的意义，掌握其设置方法。
(2) 掌握对电路进行瞬态分析的设置方法，能够对所给出的实际电路进行规定的瞬态分析，得到电路的瞬态响应曲线。

二、实验原理

1. 瞬态分析

瞬态分析的目的是在给定输入激励信号作用下，计算电路输出端的瞬态响应。进行瞬态分析时，首先计算 $t=0$ 时的电路初始状态，然后从 $t=0$ 到某一给定的时间范围内选取一定的时间步长，计算输出端在不同时刻的输出电平。瞬态分析结果自动存入以 .dat 为扩展名的数据文件中，可以用 Probe 模块分析显示仿真结果的信号波形。

用于瞬态分析的 5 种激励信号如下：

1) 脉冲信号

脉冲信号是在瞬态分析中使用较频繁的一种激励信号。信号源均在 PSpice 中的电源库 SOURCE 中选择，脉冲信号电压源和电流源符号如图 2-4-1 所示，描述脉冲信号波形涉及 7 个参数。

表 2-4-1 列出了 7 个参数的名称、单位及内定值。电流源参数和电压源一致，只需将 V 改为 I，将电压改为电流，将伏特改为安培即可。

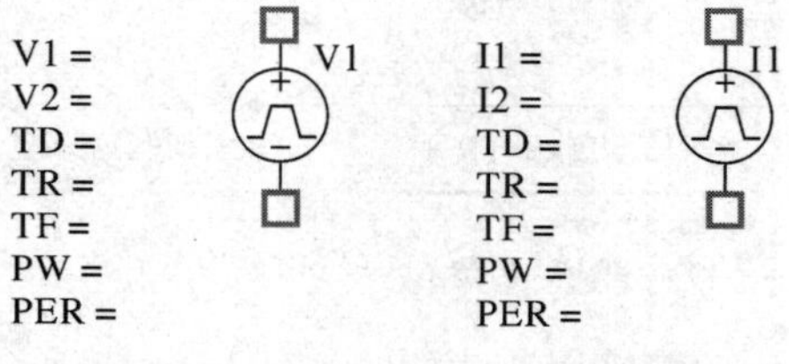

图 2-4-1　脉冲信号电压源和电流源符号

表 2-4-1 描述脉冲信号波形的参数

参数	名称	单位	内定值	参数	名称	单位	内定值
V1	起始电压	伏特	无内定值	TD	延迟时间	秒	0
V2	脉冲电压	伏特	无内定值	TF	下降时间	秒	TSTEP
PER	脉冲周期	秒	TSTOP	TR	上升时间	秒	TSTEP
PW	脉冲宽度	秒	TSTOP				

注：表中 TSTOP 是瞬态分析中参数 Final Time 的设置值；TSTEP 是参数 Print Step 的设置值。

图 2-4-2 是一个脉冲电压源的设置和通过瞬态分析得到的脉冲波形。

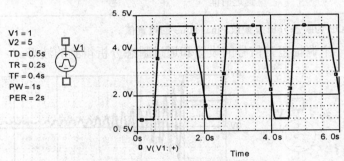

图 2-4-2 脉冲电压源的设置和波形

表 2-4-2 给出了不同时刻脉冲信号值与这些参数之间的关系。

表 2-4-2 脉冲信号电平值与参数的关系

时间	脉冲电平	时间	脉冲电平
0	V1	TD + TR + PW + TF	V1
TD	V1	TD + PER	V1
TD + TR	V2	TD + PER + TR	V2
TD + TR + PW	V2		

2) 调幅正弦信号

调幅正弦信号的符号如图 2-4-3 所示，描述调幅正弦信号涉及 6 个参数。

表 2-4-3 列出了这些参数的名称、单位和内定值。后三个参数默认值都为 0。

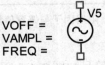

图 2-4-3 正弦信号符号

表 2-4-3 描述调幅信号的参数

参数	名称	单位	内定值
VOFF	偏置值	伏特	无内定值
VAMPL	峰值振幅	伏特	无内定值
FREQ	频率	赫兹	1/TSTOP
PHASE	相位	度	0
DF	阻尼因子	1/秒	0
TD	延迟时间	秒	0

注：表中 TSTOP 为瞬态分析中参数 Final Time 的设置值。

图 2-4-4 是一个调幅正弦信号的设置和通过瞬态分析得到的波形。

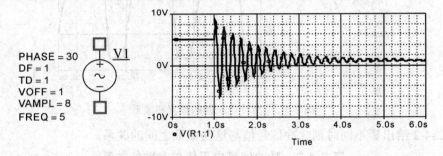

图 2-4-4 调幅正弦信号的设置和波形

表 2-4-4 给出了不同时刻脉冲信号值与这些参数之间的关系。

表 2-4-4 调幅信号波形与参数的关系

时间范围	调幅信号波形
0～TD	Voff + vampl.sin(2π*phase/360)
TD～TSTOP	Voff + vampl * sin(2π * (freg * TIME − td) + phase/360)) * exp(−(TIME − td) * df)

注：若延迟时间、阻尼因子与偏置值均为 0，则调幅信号成为标准的正弦信号。

3）调频信号源

调频信号源的符号如图 2-4-5 所示，描述调频信号涉及 5 个参数。

第二部分 基本操作实验

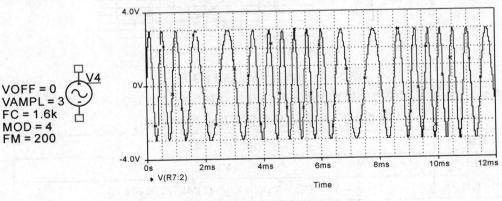

图 2-4-5 调频信号源的符号

表 2-4-5 列出了参数的名称、单位和内定值。

表 2-4-5 描述调频信号的参数

参数	名称	单位	内定值
VOFF	偏置电压	伏特	无内定值
VAMPL	峰值振幅	伏特	无内定值
FC	载频	赫兹	1/TSTOP
FM	调制频率	赫兹	1/TSTOP
MOD	调制因子		0

注：表中 TSTOP 为瞬态分析中参数 Final Time 的设置值。

图 2-4-6 所示是一个调频正弦信号的设置和通过瞬态分析得到的波形。

图 2-4-6 调频正弦信号的设置和波形

4) 指数信号源

指数信号源的符号如图 2-4-7 所示，描述指数信号源涉及 6 个参数。

表 2-4-6 列出了参数的名称、单位和内定值。

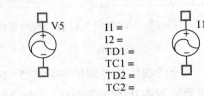

图 2-4-7 指数信号源的符号

表 2-4-6 描述指数信号的参数

参数	名称	单位	内定值
V1	起始电压	伏特	无内定值
V2	峰值电表	伏特	无内定值
TD1	上升(下降)延迟	秒	0
TC1	上升(下降)时常数	秒	TSTEP
TD2	下降(上升)延迟	秒	TD1+TSTEP
TC2	下降(上升)时常数	秒	TSTEP

注：表中 TSTEP 为瞬态分析中参数 Print Step 的设置值。

图 2-4-8 是一个指数信号源的设置和通过瞬态分析得到的波形。由图可见，在时间 0~TD1 这段时间内，信号电平为 V1，接着以 TC1 为时常数，从指数 V1 变化至 V2，直到 TD2 时刻为止。最后又以 TC2 为时常数，按指数规律变化至 V1。

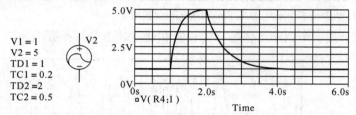

图 2-4-8 指数信号源的设置和波形

表 2-4-7 给出了不同时刻指数信号电平值与这些参数之间的关系。

表 2-4-7 指数信号电平值与参数的关系

时间范围	电 平 值
0~TD1	V1
TD1~TD2	V1 + (V2 − V1)(1 − exp(−(TIME − TD1)/TC1))
TD2~TSTOP	V1 + (V2 − V1)((1 − exp(−(TIME − TD1)/TC1)(1 − exp(−(TIME − TD2)/TC2))))

注：表中 TSTOP 为瞬态分析中参数 Final Time 的设置值。

5) 分段线性信号源

分段线性信号源的符号如图 2-4-9 所示，分段线性信号波形由几条线段组成。因此，为了描述这种信号，只需给出线段转折点的坐标数据即可。

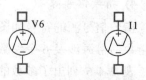

图 2-4-9 分段线性信号源的符号

图 2-4-10 给出了一个分段线性信号源的参数设置窗口。

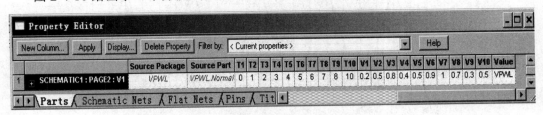

图 2-4-10　分段线性信号源参数设置窗口

图 2-4-11 是得到的分段信号的波形。

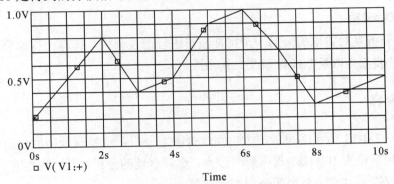

图 2-4-11　分段信号的波形

如果要表示周期性的分段信号，比如周期的三角波、阶梯波的信号，那么可以使用周期折线信号源(VPWL_ENH)。周期折线信号源包含 6 个参数，如表 2-4-8 所示。

表 2-4-8　描述周期折线信号源的参数

参　　数	含　　义	单　位
TSF	时间基准值	s
VSF 或 ISF	电压或电流基准值	V 或 A
FIRST_nPAIRS	转折点的坐标对	无
SECOND_nPAIRS	转折点的坐标对	无
THIRD_nPAIRS	转折点的坐标对	无
REPEAT_VALUE	重复次数	次数

如果我们设定参数如下：TSF = 1 s，VSF = 5 V，坐标对为(0，−5)(1，5)(2，−5)，REPEAT_VALUE=5，则可得如图 2-4-12 所示的波形。

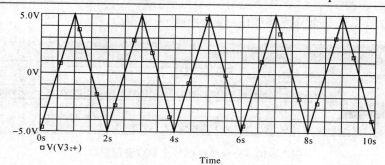

图 2-4-12 周期折线信号源的波形

2. 傅立叶分析

傅立叶分析是对输出的最后一个周期波形进行谐波分析，计算出直流分量、基波和第 2～9 次谐波分量以及非线性谐波失真系数。

三、实验内容

(1) 对图 2-4-13 所示的单管放大电路进行瞬态分析，信号源采用调幅正弦信号描述的正弦波，频率设为 100 Hz。根据信号频率，选择合理的分析时长，观察输出端的波形，使得 Probe 窗口可以显示至少两个周期的波形。

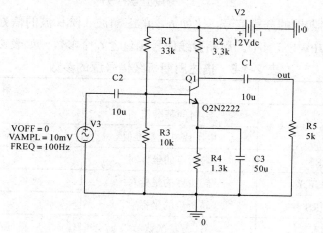

图 2-4-13 单管放大电路

(2) 对实验一中图 2-1-3 所示的差分电路进行瞬态分析，信号源采用正弦波，频率设为 100 Hz。根据信号频率，选择合理的分析时长，观察输出端的波形，对输出信号的波形进行分析。

(3) 对图 2-4-14 的反相运算放大器进行瞬态分析的同时，对输出节点(out)的电压波形进行傅里叶分析，并对其结果进行分析。

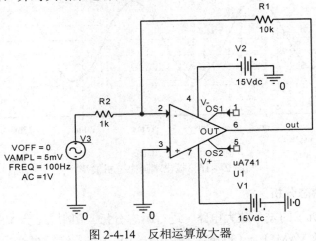

图 2-4-14　反相运算放大器

四、实验步骤

1. 单管放大电路瞬态分析

图 2-4-13 中 V3 为 SOURCE 库中 VSIN 电压源，双击 V3，设置参数 VOFF = 0 V，VAMPL = 10 mV，FREQ = 100 Hz，然后在"Simulation Settings"设置中，"Analysis type"中选"Time Domain (Transient)"。设置参数如图 2-4-15 所示。

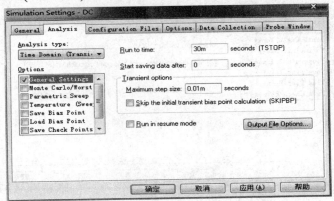

图 2-4-15　瞬态分析参数设置

进行仿真,得到输出端瞬态分析波形如图 2-4-16 所示。

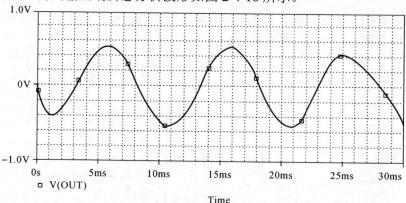

图 2-4-16　输出端瞬态分析波形

2. 差分电路瞬态分析

对如图 2-1-3 所示的差分放大电路,进行瞬态分析。图中 V1 为 VSIN 电压源,双击 V1 图标,设置参数 VAMPL = 150 mV,FREQ = 100 kHz,然后在"Simulation Settings"设置中,将"Run to time"(终止时间)设定为"36 us","Start saving data after"(起始时间)一般都设置为"0","Maximum step size"(最大步长值)设定为"0.01 us"。设置参数如图 2-4-17 所示。

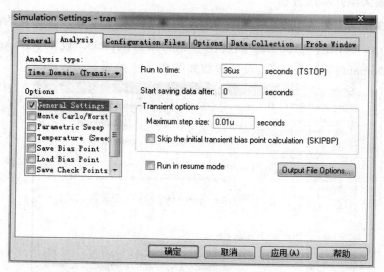

图 2-4-17　差分电路瞬态分析参数设置

将电压探针放置在 out2 端运行，调出 Probe 窗口，得到输出信号波形，如图 2-4-18 所示。

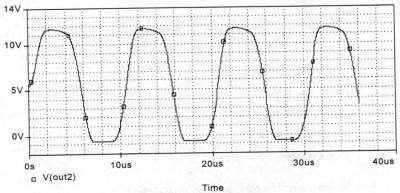

图 2-4-18　输出信号波形

这里的输入信号是一个振幅为 150 mV，频率为 100 kHz 的正弦信号，其振幅远大于 26 mV，理论分析应该会有非线性失真产生，从图中也明显发现了削波失真。

3. 反相运算放大器傅里叶分析

对如图 2-4-14 所示的反相运算放大器进行傅里叶分析。设置参数，如图 2-4-19 所示，选择"Time Domain(Transient)"(瞬态分析)，运行时间为"50 ms"，步长值为"0.1 ms"。

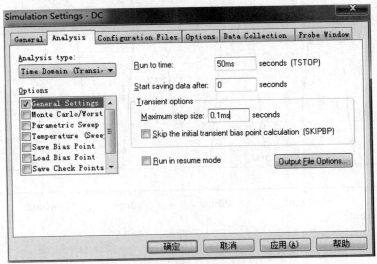

图 2-4-19　瞬态分析参数设置

对瞬态分析输出文件选项进行设置，单击 Output File Options... 按钮，设置对话框如图 2-4-20 所示。

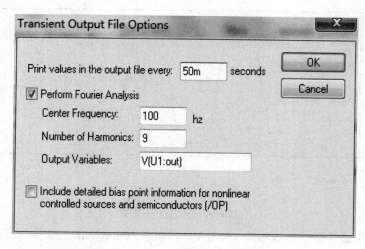

图 2-4-20　输出文件设置对话框

图 2-4-20 表示设置傅立叶分析的中心频率是 100 Hz，计算到 9 次谐波，输出变量为运算放大器的输出端。进行仿真，输出运算放大器输出电压的波形，如图 2-4-21 所示。

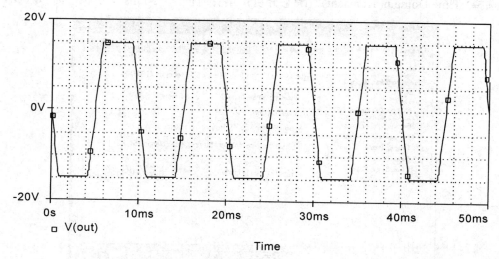

图 2-4-21　瞬态分析结果

单击 ▦ 按钮，进行傅立叶分析，结果如图 2-4-22 所示。

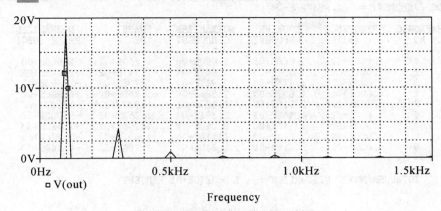

图 2-4-22 傅立叶分析结果

也可以使用对数坐标显示结果，单击 ▦ 按钮，就可以得到如图 2-4-23 所示的结果。

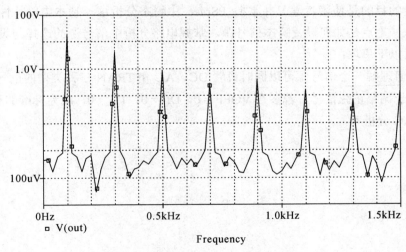

图 2-4-23 对数傅立叶显示结果

单击"View→Output File"便可以看到傅立叶分析的文字结果，如图 2-4-24 所示。

图 2-4-24 列出了直流分量是 –0.196 mV，还给出了基波分量和第 2～9 次谐波的幅度值、相位以及归一化的幅值、相位值。从结果上看，基波分量(振幅及相位)最大。最后还给出了总的谐波失真系数为 33.0327%。

```
FOURIER COMPONENTS OF TRANSIENT RESPONSE V(OUT)
DC COMPONENT =  -1.963896E-04

HARMONIC    FREQUENCY    FOURIER      NORMALIZED    PHASE        NORMALIZED
   NO         (HZ)       COMPONENT    COMPONENT     (DEG)        PHASE (DEG)

    1       1.000E+02    1.858E+01    1.000E+00    1.799E+02      0.000E+00
    2       2.000E+02    3.097E-03    1.667E-04   -1.747E+02     -5.345E+02
    3       3.000E+02    5.476E+00    2.947E-01    1.798E+02     -3.600E+02
    4       4.000E+02    4.828E-03    2.598E-04   -1.798E+02     -8.996E+02
    5       5.000E+02    2.515E+00    1.353E-01    1.797E+02     -7.200E+02
    6       6.000E+02    4.448E-03    2.394E-04    1.758E+02     -9.038E+02
    7       7.000E+02    1.116E+00    6.006E-02    1.795E+02     -1.080E+03
    8       8.000E+02    2.074E-03    1.116E-04    1.631E+02     -1.276E+03
    9       9.000E+02    3.419E-01    1.840E-02    1.794E+02     -1.440E+03

TOTAL HARMONIC DISTORTION =   3.303270E+01 PERCENT
```

图 2-4-24　傅立叶分析的文字结果

五、实验小结

本实验的目的是使读者学习并掌握 PSpice 中瞬态分析这一基本电路特性分析功能和操作方法，重点是如何设置瞬态信号源，掌握电路分析中信号源的选择与设置。本实验需要注意以下事项：

(1) 如何理解一个信号源可以同时设置 DC、AC 和 TRAN 三种类型的信号？

(2) 对于调幅正弦信号，若参数 VOFF = 0，DF = 0，TD = 0，成为标准的正弦信号，可否用于 AC 分析？

实验五　参数扫描分析

一、实验目的

(1) 了解对电子电路进行各种参数扫描分析(包括全局参数、模型参数以及温度分析)的功能。

(2) 通过对实际电路进行各种参数扫描分析，掌握各类分析的设置方法。

二、实验原理

1. 温度分析

PSpice 中所有的元器件参数和模型参数都是其在常温下的值(常温默认值为 27℃)，在进行基本分析的同时，可以用温度分析指定不同的工作温度。在直流、交流、瞬态分析三大分析中都能通过对元器件参数和模型参数进行温度分析，从而实现对电路特性随温度变化的分析。

2. 参数扫描分析

在许多电路的设计过程中，常需要对某一个元器件值作出调整，以满足对电路特性的要求。解决这类问题时，一般以计算方式求解该元器件值，或者不断更换元器件多次进行仿真，直到输出响应合乎规格为止。但这样做费时费力，很难得出理想的结果。PSpice 的参数扫描分析方法就是针对这样的情况提出的。

参数扫描分析是指针对电路中的某一参数在一定范围内做调整，利用 PSpice 分析得到清晰易懂的结果曲线，然后迅速确定出该参数的最佳值，这也是用户常用的优化方法。参数扫描分析常用于判别电路与某一元器件之间的关系，所以它必须和其他基本分析配合使用。在瞬态特性分析、交流扫描分析及直流特性扫描分析中都可设置参数扫描分析。

在参数扫描分析的基础上，还可以进行电路性能的分析。定量地分析电路特性函数随某一个元器件参数变化的情况，对电路的优化设计也有很大的帮助。

三、实验内容

(1) 针对如图 2-5-1 所示的单管放大电路,所有电阻均采用 **Rbreak** 模型,**Rbreak** 模型在 BREAKOUT 模型库,设置其电阻温度系数为 tc1 = 0.01,tc2 = 0.0005。在交流分析的基础上,对该电路进行温度分析,温度值设定为 20℃、35℃、50℃、70℃,观察输出电压最大值的变化。

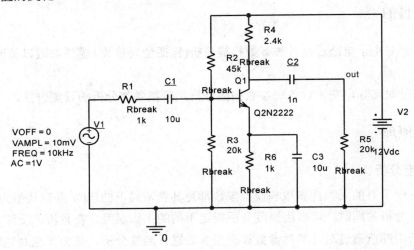

图 2-5-1 单管放大电路

(2) 在瞬态分析的基础上,对电阻 R4 进行参数扫描分析,其电阻值在 1.5 k～3 k 变化,观察输出波形曲线簇。

(3) 在瞬态分析的基础上,输入信号电压从 5 mV～30 mV 变化时,观察输出波形曲线簇。

(4) 在交流分析的基础上,使三极管 Q1 的放大倍数由 200 变化到 350,观察输出电压最大值的变化。

四、实验步骤

1. 对电路进行温度分析

(1) 对元件进行温度系数的设置,选中元件后单击鼠标右键,在弹出的快捷菜单中选择"Edit PSpice model",弹出如图 2-5-2 所示的模型编辑器窗口,设置其电阻温度系数为 tc1 = 0.01，tc2 = 0.0005。R 是电阻的一个模型参数名，表示实际阻值与电路图中标注阻值之比，一般情况下取 R = 1，这也是该参数的默认值。

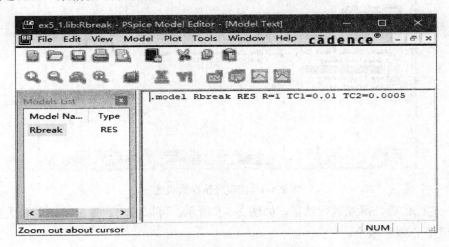

图 2-5-2　模型编辑器窗口

(2) 进行交流分析参数设置，参数设置如图 2-5-3 所示。

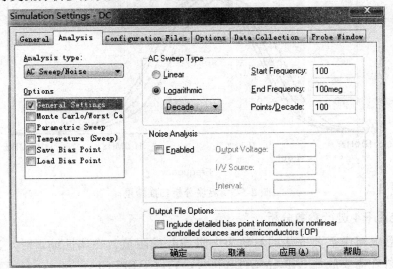

图 2-5-3　交流分析参数设置

(3) 在下方的"Options"选项中，勾选"Temperature(Sweep)"(温度分析)，并对其进行设置，如图 2-5-4 所示。

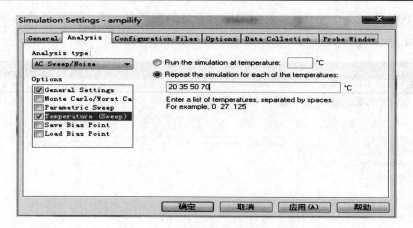

图 2-5-4　温度分析参数设置

(4) 进行仿真，得到运行结果，如图 2-5-5 所示。可以看出：输出电压的最大值变化很小，但中心频率减小。

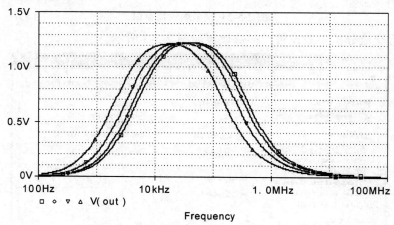

图 2-5-5　温度分析扫描结果

2. 对电阻 R4 进行参数分析

(1) 设置电路中需要变化的参数为电阻 R4 的阻值，在属性编辑时，其值设置为 {Rval}。另外还需要放置 PARAMETES 符号，它位于 SPECIAL 库中，名字为 PARAM。设置 PARAM 属性：双击字符"PARAMETES："，单击 New Property 按钮，在出现的对话框"Name"栏输入"Rval"，在"Value"栏键入"2.4k"，单击"OK"按钮，关闭"PARAMETES"特性编辑器窗口。结果如图 2-5-6 所示。

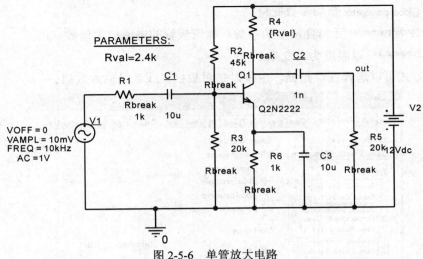

图 2-5-6　单管放大电路

(2) 分析参数设置。先进行瞬态分析参数设置，参数设置如图 2-5-7 所示。

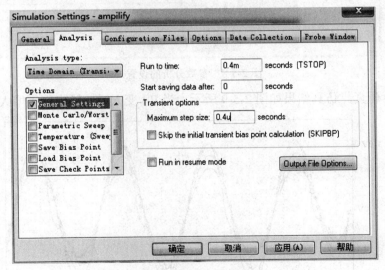

图 2-5-7　瞬态分析参数设置

(3) 在"Options"选项中再勾选"Parametric Sweep"，参数分析设置如图 2-5-8 所示。PSpice 可以进行扫描的类型有：

① ○ Voltage source 电压源。

② ○ Current source 电流源。

③ ◉ Global parameter 全局参数变量。
④ ◯ Model parameter 元器件模型的参数,如三极管的电流放大倍数。
⑤ ◯ Temperature 以温度为自变量。

扫描方式可以选择线性扫描,也可以是对数扫描或者是输入数值。

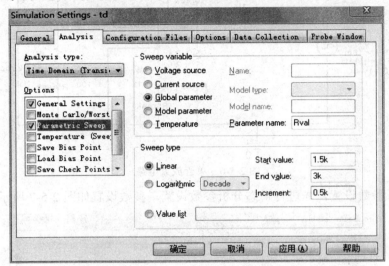

图 2-5-8 参数分析的设置

(4) 进行仿真。仿真结果如图 2-5-9 所示,当 R4 变大时,输出电压增大。

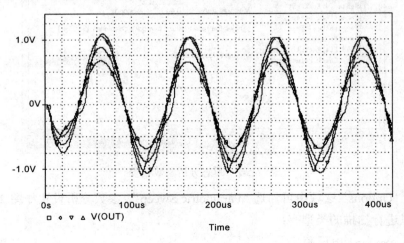

图 2-5-9 参数扫描分析结果

3. 对信号电压进行参数分析

(1) 与实验四操作步骤相同，将电压 V1 设为{Vval}，初始值为 10 mV，如图 2-5-10 所示。

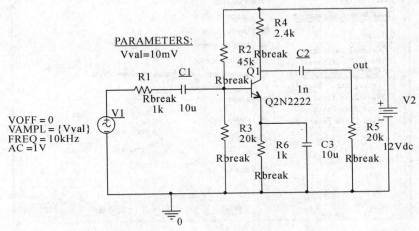

图 2-5-10　单管放大电路

(2) 进行参数设置，参数设置分别如图 2-5-11、图 2-5-12 所示。

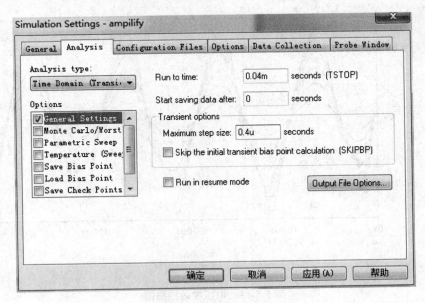

图 2-5-11　瞬态分析参数设置

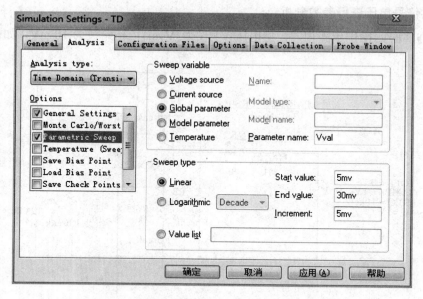

图 2-5-12 参数扫描分析设置

(3) 进行仿真，仿真结果如图 2-5-13 所示。

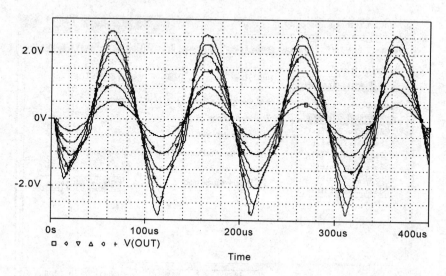

图 2-5-13 电压参数扫描图

4. 测量三极管 Q1 的放大倍数

(1) 进行参数扫描分析设置，参数设置分别如图 2-5-14、图 2-5-15 所示。

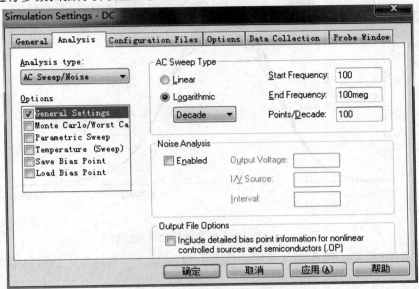

图 2-5-14　交流分析参数设置

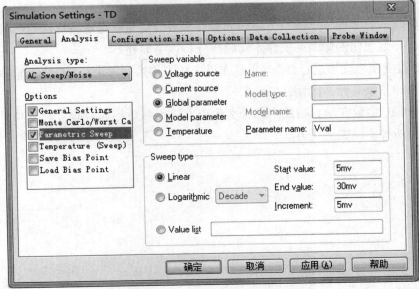

图 2-5-15　参数扫描分析设置

(2) 进行仿真，仿真结果如图 2-5-16 所示。

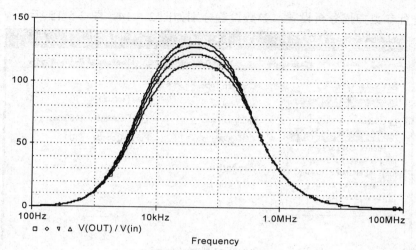

图 2-5-16　Q1 放大倍数参数扫描分析结果

由图 2-5-16 可知，随着晶体管电流放大系数 bf 增大，电路放大倍数也增大。

五、实验小结

本实验使读者掌握分析模拟电路中元器件参数值的变化对电路特性的影响，包括温度的影响、参数变化的影响。操作本实验应分析以下问题：

(1) 以温度作为变量进行 DC 分析与在以电压源作为变量进行 DC 分析的基础上再进行温度扫描的结果有什么区别？

(2) Global 参数在参数扫描中起什么作用？进行参数扫描时能否对电路中的两个元器件值采用两种不同的变化方式？

实验六 波形显示与分析

一、实验目的

(1) 熟悉特征值函数的定义及功能，掌握图像后处理程序 Probe 窗口一些重要功能的使用方法。

(2) 学习在参数分析的基础上，通过 Probe 窗口进行电路性能的分析，并掌握在各种分析基础上的 Probe 窗口的分析操作。

二、实验原理

1. Probe 窗口简介

单击仿真工具栏中的 图标，进行仿真。接着调出 Probe 的界面，如图 2-6-1 所示。

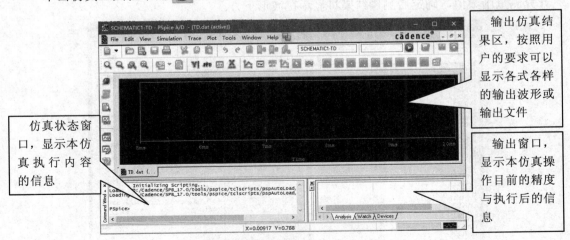

图 2-6-1 Probe 窗口

Probe 界面中最主要的工具栏含义如图 2-6-2 所示。

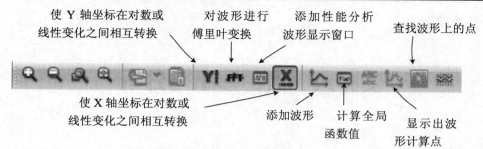

图 2-6-2 Probe 基本工具栏的含义

2. 测量函数的使用

在分析电路性能时，测量函数的选择和设置很重要。波形加载到 Probe 窗口后，为了分析电路节点的波形，可以组成测量表达式，这样可以提供更多的分析功能。首先，确定需要测量的内容，比如放大器的带宽、选频放大器的中心频率等；然后，选择适当的测量函数，插入需要的变量就可以进行相应的测量。

对某电路进行交流分析得到波形图，需要测量放大器的带宽。我们可以执行菜单命令"Trace→Evaluate Measurement"，或者是直接单击工具栏中 f(x) 图标，弹出"Evaluate Measurement"对话框，如图 2-6-3 所示。对话框右侧是测量函数，左侧是节点电压、支路电流以及相关功率、噪声等名称列表。选择测量函数，输入相关电压、电流等名称，计算测量函数值，确定后测量结果将显示在波形下方。

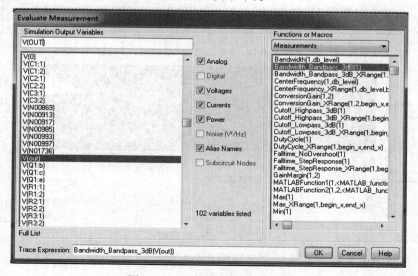

图 2-6-3 计算测量函数对话框

3. 性能分析

电路性能分析的作用是分析电路特性随某一元件参数变化的关系。电路性能分析需按以下步骤进行。

(1) 确定元器件参数的变化范围、方式和步长值；

(2) 调用参数扫描分析功能，自动对电路进行多次模拟，分析每次模拟的结果，然后根据性能分析的需要，调用测量函数提取特征值；

(3) 将每次得到的特征值连在一起，得到电路特征值随元器件参数值变化的关系，也就是电路性能分析的结果。

三、实验内容

(1) 在 Capture 中绘制如图 2-6-4 所示的 RLC 电路图，在交流分析基础上对其进行参数扫描分析，然后在参数扫描分析的基础上进行性能分析。

(2) 在 Capture 中绘制如图 2-6-5 所示的三极管放大电路。设置正确的参数，仿真后运用 Probe 窗口对输入输出噪声波形进行分析处理。

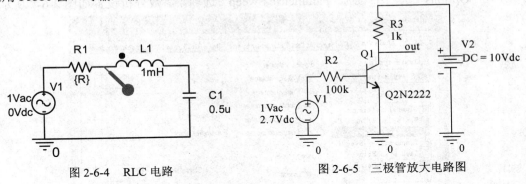

图 2-6-4　RLC 电路　　　　　　　图 2-6-5　三极管放大电路图

四、实验步骤

1. RLC 电路

(1) 电路图绘制。设置 PARAM 属性：双击字符"PARAMETES："，单击"New Property..."按钮，在出现的对话框"Name"一栏输入"R"，在"Value"栏中键入 R 值为"30"，单击"OK"按钮，关闭"PARAMETES"特性编辑器窗口。

(2) 仿真参数设置。如图 2-6-6 所示，先进行交流分析(AC Analysis)，设置频率参数，频率范围为 1 kHz~15 kHz。"AC Sweep Type"(扫描类型)选择"Linear"(线性扫描)。

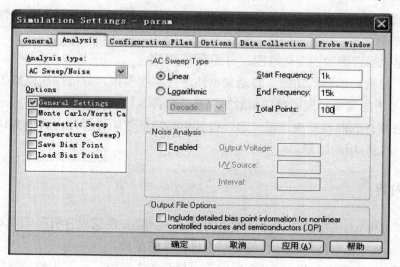

图 2-6-6　交流分析的设置

在"Options"选项中勾选"Parametric Sweep"选项，参数分析设置如图 2-6-7 所示。

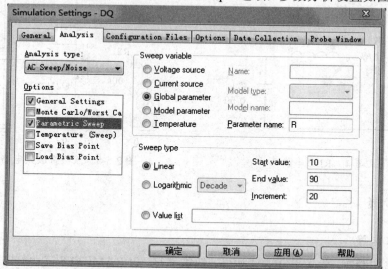

图 2-6-7　参数分析的设置

(3) 性能分析。参数分析结束后，在 Probe 窗口下执行"Trace→Performance Analysis"命令或者单击 按钮，出现如图 2-6-8 所示的对话框，表示对测量性能进行注释说明。

单击"OK"键后,会在原来图的基础上多出一个坐标轴,然后选择菜单栏 Trace/Add Trace,或者单击 图标。在"Functions and Macros"中选择"max( )",然后在"Simulation Output variables"中找到"I(R1)",单击"确定"按钮,就可以得到如图 2-6-9 的结果。

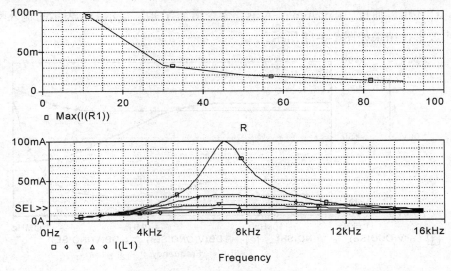

图 2-6-9 性能分析结果

2. 三极管放大电路

(1) 对电路进行噪声分析，分析参数的设置如图 2-6-10 所示。

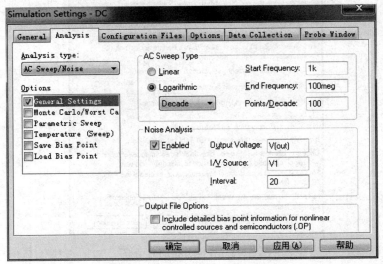

图 2-6-10　噪声分析参数设置

(2) 选择菜单栏"Trace→Add Trace"，或者单击 ![icon] 图标，在"Simulation Output variables"中找到"V(INOISE)"和"V(ONOISE)"，得到输入噪声的波形和输出噪声的波形。同样还可以通过"Plot/Add Y Axis"命令增加 Y 轴，显示 DB 表示的输入噪声和输出噪声波形，结果如图 2-6-11 所示。

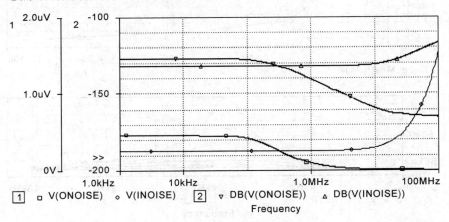

图 2-6-11　噪声分析结果

五、实验小结

通过本实验读者可以掌握 PSpice 软件包中提供的 Probe 后处理模块,以人机交互方式分析节点电压和支路电流的波形曲线;掌握 Probe "显示波形"的基本功能和使用方法,以及 Probe 的几项 "高级应用" 技术。另外,读者应了解:在电路分析中,当需要调用具有特定功能的 "Measurement" 函数时,可以遵循 Probe 提供的搜寻命令、运算式以及 "Measurement" 函数的格式,编写自己的 "Measurement" 函数。

实验七　PSpice 的统计分析

一、实验目的

(1) 能够对元器件模型参数的离散分布情况进行正确描述，并掌握对电路进行蒙特卡罗分析以及最坏情况分析的方法。

(2) 根据分析结果，正确分析和判断由元器件参数值的离散性所引起的电路特性的分散性以及可能出现的最坏情况，对电路中元器件参数进行调整。

二、实验原理

电路中元器件的实际参数值和标称值不可避免地有一定的偏差，称为器件容差。

器件容差包括：(1) DEV 器件容差，又称为独立变化器件容差，是指电路设计中同一个元器件的值相互独立，存在分散性。(2) LOT 批容差，又称为同步变化容差，即它们的值同时变大或变小，适用于描述集成电路生产过程。(3) 组合容差，一般组合使用时，元器件首先按 LOT 容差变化，然后再按 DEV 容差变化。

容差分析就是研究元器件参数值的变化(容差)，或者影响元器件参数值的物理参数变化(比如温度容差)对某些电路特性的影响。容差分析包括蒙特卡罗分析和最坏情况分析。

1. 蒙特卡罗分析

蒙特卡罗分析(Monte-Carlo)是一种统计模拟方法，它是对选择的分析类型(包括直流分析、交流分析、瞬态分析)多次运行后进行的统计分析。第一次运行采用所有元器件的标称值进行运算，然后将考虑容差后的各次运行结果同第一次运行结果进行对比，得出对于元器件的容差引起的输出结果偏离的统计分析，如电路性能的中心值、方差，以及电路合格率等。用此结果作为是否需要修正设计的参考，增加了模拟的可信度。

2. 最坏情况分析

最坏情况(Worst Case)是指电路中的元器件参数在其容差域边界点上取某种组合时

所引起的电路性能的最大偏差。最坏情况分析就是在给定电路元器件参数容差的情况下，估算出电路性能相对标称值的最大偏差。如存在最大偏差时都能满足设计要求，那当然是最佳方案。最坏情况分析也是一种统计分析。

最坏情况分析是首先进行标称值的电路仿真，然后计算灵敏度，分别对每各个元器件变化逐个进行仿真，在得到灵敏度后，最后再做一次最坏情况分析，各元器件选择引起性能变化最坏的情况进行计算，得到结果。所以如果电路中有 N 个变量的话，那么最坏情况分析其实是进行了 $N+2$ 次的电路模拟分析。

三、实验内容

（1）对图 2-7-1 所示的放大电路进行蒙特卡罗分析，所有电阻的精度为 2%，所有三极管放大倍数的离散性为 20%，随机独立抽样，与标称值分析结果进行对比，观察输出电压的变化。

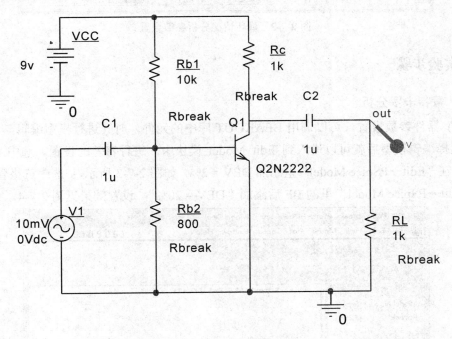

图 2-7-1　三极管放大电路图

（2）对图 2-7-1 三极管放大电路进行最坏情况分析，求出最坏的情况下该放大器的放大倍数。最坏情况分析参数设置如图 2-7-2 所示。

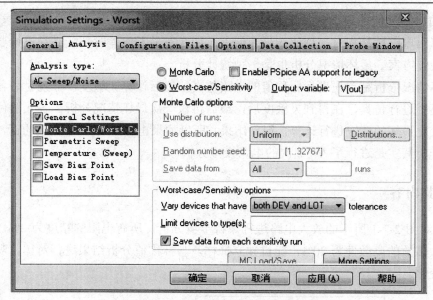

图 2-7-2　最坏情况分析参数设置

四、实验步骤

1. 蒙特卡罗分析

(1) 器件参数设置。可以调用 BEAKOUT 库中的元件，对其进行模型编辑，设置容差。选择编辑模型后就可以进入到 Edit Model 模块中，进行容差的设置。选中 Rbreak 元件，在"Edit→PSpice Model"里添加 DEV = 2%，如图 2-7-3 所示，；选中三极管元件，在"Edit→PSpice Model"里的 BF 后添加"DEV = 20%"，设置效果见图 2-7-4。

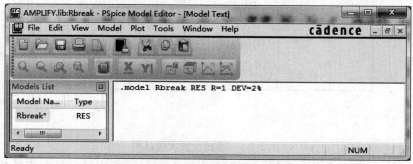

图 2-7-3　Rbreak 元件容差参数设置

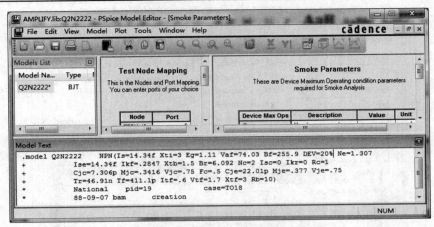

图 2-7-4　三极管元件容差参数设置

将所有存在容差的器件都设置好容差后，便可以进行仿真。

(2) 仿真参数设置。单击 图标，出现设置参数的界面，如图 2-7-5 所示，单击"Analysis"标签，设置频率参数，频率范围为 1 kHz 到 10 GHz，每个数量级变化中点频为 100。在蒙特卡罗分析参数设置界面勾选"Monte Carlo"，然后进行设置。"Output variable"填"V(out)"，"Number of runs"(仿真次数)填"10"，"Use distribution"选"Gaussian"，"Save data from"选"All"。点击右下方"more settings…"，"Find"中选"the maximum value(MAX)"，图 2-7-6 所示。

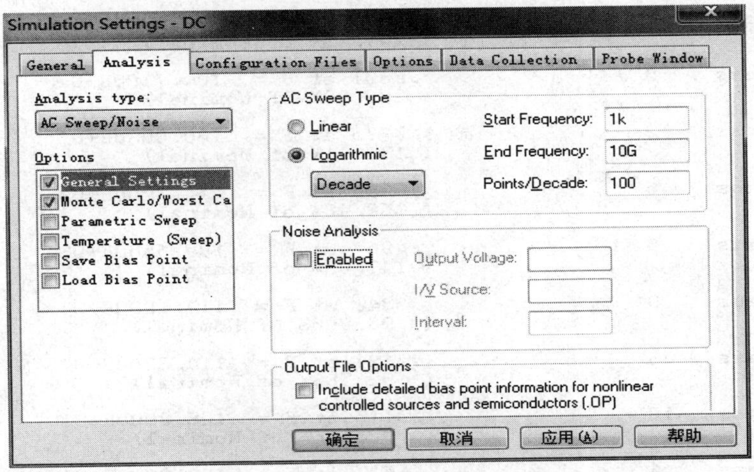

图 2-7-5　交流分析参数界面

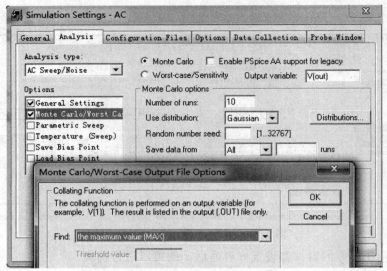

图 2-7-6 蒙特卡罗分析参数设置界面

(3) 进行仿真。蒙特卡罗分析的文本输出也可以从 Output File 中看到图 2-7-7 所示结果。图中显示的是输出交流电压最大值。由于输入交流信号幅度为 10mV，所以，此次蒙特卡罗分析的最大值放大倍数为 84.19；最小值放大倍数为 15.17；若规定允许放大倍数的最小值为 30，则该电路的合格率为 90%。

```
RUN              MAXIMUM VALUE

Pass    7        .8419 at F =    93.3250E+03
              ( 249.23% of Nominal)

Pass    5        .6831 at F =   104.7100E+03
              ( 202.22% of Nominal)

Pass    2        .5773 at F =   100.0000E+03
              ( 170.91% of Nominal)

Pass    6        .5353 at F =   114.8200E+03
              ( 158.48% of Nominal)

Pass    3        .4967 at F =   109.6500E+03
              ( 147.05% of Nominal)

Pass    9        .3341 at F =   117.4900E+03
              ( 98.906% of Nominal)

Pass    8        .3121 at F =   114.8200E+03
              ( 92.388% of Nominal)

Pass   10        .3115 at F =   125.8900E+03
              ( 92.216% of Nominal)

Pass    4        .1517 at F =   128.8300E+03
              ( 44.909% of Nominal)
```

图 2-7-7 三极管放大电路蒙特卡罗分析结果

2. 最坏情况分析

电路交流分析参数设置与图 2-7-5 一致。最坏情况分析参数设置见图 2-7-2。单击"More Settings",进行输出文件设置。设置如图 2-7-8 所示。

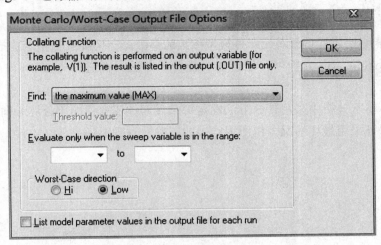

图 2-7-8 输出文件设置

进行仿真,存放在输出文本文件中的仿真结果如图 2-7-9、图 2-7-10 所示。

```
                     WORST CASE ALL DEVICES
**********************************************************************

Device      MODEL        PARAMETER        NEW VALUE
Q_Q1        Q2N2222      BF                 204.72      (Decreased)
R_Rb1       Rbreak       R                    1.02      (Increased)
R_RL        Rbreak       R                     .98      (Decreased)
R_Rb2       Rbreak       R                     .98      (Decreased)
R_Rc        Rbreak       R                     .98      (Decreased)
```

图 2-7-9 分析结果参数值

```
        RUN                         MAXIMUM VALUE
   WORST CASE ALL DEVICES        .1529 at F =  128.8300E+03
                                ( 45.277% of Nominal)
```

图 2-7-10 分析结果总结

从结果可以看出，最低输出电压为 0.1529 V，为正常值的 45.277%，此时的增益为 15.3。

五、实验小结

本实验能够使读者学会对元器件模型参数的离散分布情况进行正确的描述，掌握对电路进行 Monte-Carlo 分析以及最坏情况分析的方法。在进行本实验时，应理解如下事项：

(1) 最坏情况分析中采用什么方法确定每个元器件值变化的"最坏方向"？

(2) 要保证采用最坏情况分析所得结果的正确性，需要满足什么条件？

实验八 数字电路的 PSpice 分析

一、实验目的

(1) 掌握用 PSpice 软件分析数字电路的方法。
(2) 掌握数字信号源的设置方法。

二、实验原理

1. 数字信号源

1) 时钟型信号源(DigClock)

时钟型信号是数字电路在模拟时使用最频繁的信号,也是波形最简单的信号。在 PSpice/SOURCE 库中的时钟型信号源符号如图 2-8-1 所示,波形的设置方法和激励源的设置方法相仿,该信号源涉及 5 个参数。

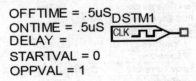

图 2-8-1 时钟型信号源的符号

按照默认值设置,就可以得到如图 2-8-2 所示的周期为 1 μs 的时钟信号。

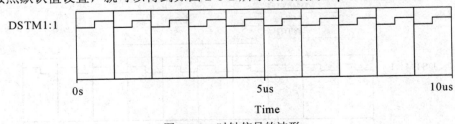

图 2-8-2 时钟信号的波形

2) 基本型信号源(STIMn)

基本型信号源主要用来设置总线信号，总线信号包括多位信号，波形参数设置过程比时钟型信号要复杂。存放在 SOURCE 库中的基本型信号源符号如图 2-8-3 所示，包括四种类型。

图 2-8-3　基本型信号源符号

按一般元器件参数设置，双击器件后得到参数设置框，如图 2-8-4 所示。

	A
	SCHEMATIC1 : PAGE1
COMMAND16	
Designator	
DIG_GND	$G_DGND
DIG_PWR	$G_DPWR
FORMAT	1
Graphic	STIM1.Normal
ID	
Implementation	
Implementation Path	
Implementation Type	PSpice Model
IO_LEVEL	0
IO_MODEL	IO_STM
Location X-Coordinate	110
Location Y-Coordinate	90
Name	INS1467
Part Reference	DSTM4
PCB Footprint	
Power Pins Visible	
Primitive	DEFAULT
PSpiceOnly	TRUE
PSpiceTemplate	U^@REFDES STIM(@WIDTH
Reference	DSTM4
Source Library	E:\SPB-17.2\TOOLS\CA
Source Package	STIM1
Source Part	STIM1.Normal
TIMESTEP	
Value	STIM1
WIDTH	1

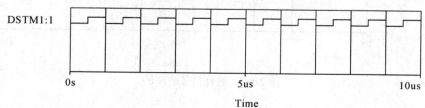

图 2-8-4　基本型信号源信号参数设置

相关参数的含义如下：

WIDTH：指定总线信号的位数。

FORMAT：指定总线信号采用何种进位制。例如：1 表示 2 进制，2 表示 8 进制，4 表示 16 进制。也可以采用混合制，第 1 位用 2 进制，后 3 位用 8 进制，可写为"FORMAT：12"。

TIMESTEP：与 TIMESCALE = <时间倍乘因子>相仿。在用相对时间时(符号为 c)，COMMAND1，…，COMMAND16：对应一个个波形描述语句。

举例：

  WIDTH：4

  FORMAT：1111

  TIMESTEP：10ns

  COMMAND1：0 1100

  COMMAND2：9c 1110

  ……

同时也可以用循环语句：

  WIDTH：4

  FORMAT：1111

  TIMESTEP：10ns

  COMMAND1：0 1100

  COMMAND2：REPEAT 50 TIMES *(n=-1 时为无限循环)

3) 文件型信号源(FileStim-n)

文件型信号源的信号波形是用以 STL 为扩展名的波形文件来描述的。这个描述信号波形的文件可能很大，也可以嵌套子文件。有如下 6 个不同功能的文件型信号源。

FileStim1：一般数字信号，1 位文件型总线信号。

FileStim2：2 位文件型总线信号。

FileStim4：4 位文件型总线信号。

FileStim8：8 位文件型总线信号。

FileStim16：16 位文件型总线信号。

FileStim32：32 位文件型总线信号。

其中，波形描述文件可以在"Stimulus File"中进行编写。

4) 图形编辑型信号源(DigStim(n))

图形编辑型信号源的突出特点是可在 Stimulus Editor 图形编辑窗口下，形象直观地用人机对话方式编辑波形图。该信号源可在 PSpice/SourcsTM 库中提取。该信号源符号为：，单击右键选择图标 Edit PSpice Stimulus ，进入"Stimulus Editor"工具编辑界面进行信号编辑。首先弹出的对话框如图 2-8-5 所示，在"Digital"项中，选择"Bus"，"Width"中设置总线信号位数为"2"，在"Initial Value"中设置总线信号为初始值，默认初始值为"0"。

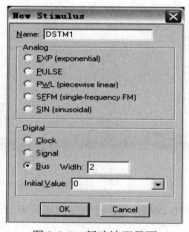

图 2-8-5 新建波形界面

单击"OK"键后，选择"Plot→Axis Settings"或点击 图标对坐标轴进行设置，如图 2-8-6、图 2-8-7 所示。

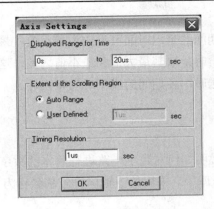

图 2-8-6 设置坐标轴

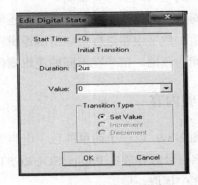

图 2-8-7 修改数字状态

单击图标 ,将出现小铅笔形式选择器,配合 图标就可以得到需要的波形了,如图 2-8-8 所示。

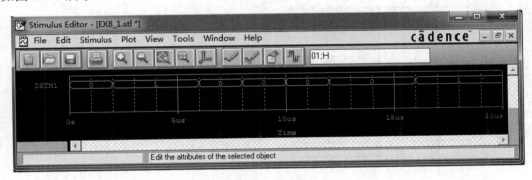

图 2-8-8 生成的波形

2. 数字电路最坏情况逻辑模拟分析

就像模拟电路存在最坏情况一样,数字电路同样存在最坏情况,并且提供了最坏情况下的逻辑模拟分析,只不过此时考虑的重点不再是像模拟电路中输出值的偏移量了,而是将重点放在了时序问题上。数字电路逻辑模拟分析期间的标准参数值称为标称值,而实际器件的参数值存在一个波动范围,同种器件的波动也各有不同,因此不能保证按同一电路设计组装起来的电路性能完全相同。

如果最坏情况分析表明,在设定的波动范围内电路有逻辑问题,则说明电路各器件在分析过程中设定波动差范围内成品率低。如果逻辑电路器件既通过逻辑模拟分析,又通过最坏情况模拟分析,则说明电路对其内部各元器件的波动有足够宽的容限,这样设计并组装的电路成品率将很高。

在对数字电路进行逻辑分析时,逻辑分析期间的延迟时间可设定为最小值、最大值或典型值。数字电路进行最坏情况逻辑模拟分析时是取其最大值和最小值之差,这便是模糊时间的范围。信号在不同的逻辑器件中传送时,各期间的模糊时间将累计。

三、实验内容

如图 2-8-9,以一个简单的数字电路为例来说明如何对数字电路进行基本的数字逻辑分析。该信号源存放在 PSpice/SOURCSTM 符号库中。采用的逻辑门符号从名称为 7400 的符号库中提取。

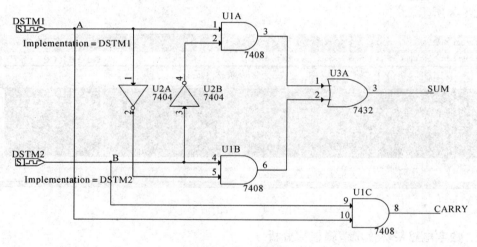

图 2-8-9 组合逻辑电路

四、实验步骤

(1) 组合逻辑电路,在图形编辑器中对两个输入信号进行参数设置,如图 2-8-10 所示。

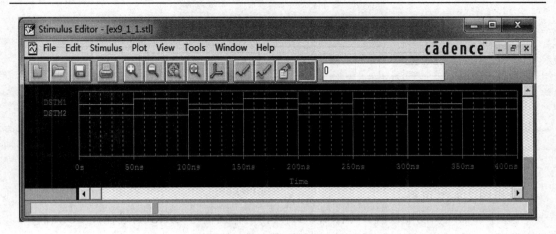

图 2-8-10 输入信号的图形设置

(2) 进行瞬态分析,参数设置如图 2-8-11 所示。

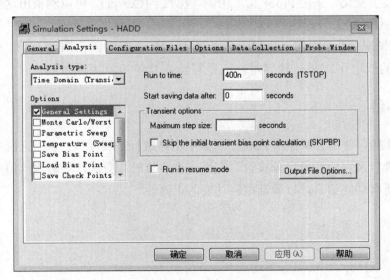

图 2-8-11 瞬态分析参数设置

(3) 进行电路仿真,得到波形结果,如图 2-8-12 所示。

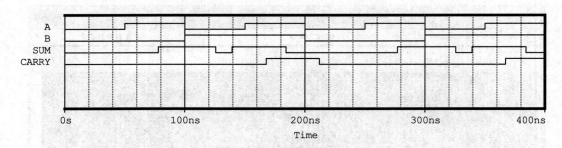

图 2-8-12 半加器电路模拟结果

分析图 2-8-12 可得：

① 半加器逻辑功能检验。由图 2-8-12 可得，输出信号 CARRY(进位)、SUM(和)与输入信号 A、B 之间的关系满足半加器真值表要求。

② 延迟特性分析。由图 2-8-12 可得，当输入信号变化时，要经过一段时间的延迟，输出信号才发生变化。采用 Probe 窗口中的"标尺"(Cursor)，可以测量出这些延迟时间的大小。如 SUM 的上升延迟约为 27.6 ns。

③ 异常情况分析。由图 2-8-12 可得，图中 120 ns 多时间范围 SUM 信号逻辑结果出现短时间的低电平，是一种异常，应是冒险、竞争等原因导致的。

五、实验小结

通过本实验，使读者掌握用 PSpice 对数字电路进行逻辑模拟，重点理解模拟逻辑关系、延迟特性以及冒险竞争现象检查。在操作本实验时，应深入理解输入信号波形的编辑应该覆盖所有功能组合，以验证电路功能的正确性。

实验九　PSpice 的高级分析(一)

一、实验目的

掌握利用 PSpice 的高级分析工具对电路进行灵敏度分析的具体方法。

二、实验原理

1. PSpice 高级分析工具的组成

(1) Sensitivity 工具：用于灵敏度分析，鉴别出电路设计中哪些元器件的参数对电路的特性指标起关键作用。

(2) Optimizor 工具：用于优化设计，优化电路中选定的关键元器件，以满足对电路性能指标的各种要求。

(3) Smoke 工具：用于可靠性设计(降额设计)，对电路中的元器件进行热电应力分析，检验元器件是否会因为功耗、结温的升高、二次击穿或者电压/电流超出最大允许范围而存在影响电路可靠性的应力问题，并及时发出警告。

(4) Monte-Carlo 工具：用于可制造性设计，分析实际生产中，由于元器件参数分散导致的电路特性分散的统计结果，从而可以进一步预测生产的成品率。

2. 进行 PSpice 高级分析对电路设计的要求

(1) 电路中元器件的参数必须有用于高级分析的参数。

(2) 电路设计已通过 Capture 的模拟要求。

(3) Capture 中应该建立有计算电路特性的表达式和性能目标函数(在 PSpice 10 及其以后的版本中，称为"Measurement"，在以前的版本中则称为"Goal Function")。

3. 灵敏度分析的作用

1) 改进电路设计

在电路设计中，只需针对这些灵敏元器件，采用参数扫描等方法，调整其参数，就可以取得满意的效果。

2) 针对性地对电路进行优化设计

在电路设计中标识出最灵敏的几个元器件，然后在优化设计过程中，只要对这些灵敏元器件的参数值进行优化，就可以加快优化设计的进程。

3) 可制造性设计

通过灵敏度分析，有针对性地减小灵敏元器件的容差范围，放宽灵敏度不高的元器件的容差值，就可以同时满足成本和成品率两方面的要求。

4. 绝对灵敏度和相对灵敏度

(1) 绝对灵敏度 S：指电路特性参数 T 对元器件值 X 变化的灵敏度。用数学式表示即为 T 对 X 的偏导数：

$$S(T, X) = \frac{\partial T}{\partial X}$$

(2) 相对灵敏度 SN：指元器件值 X 在相对变化率为 1% 的情况下（$\Delta X = X/100$）引起的电路特性 T 的变化 ΔT。

三、实验内容

对如图 2-9-1 所示的两级放大电路进行 PSpice AA 电路灵敏度分析。

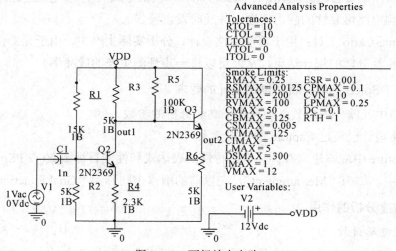

图 2-9-1　两级放大电路

四、实验步骤

1. 调用 PSpice AA 元件模型库

OrCAD 自带的用于 PSpice AA 高级分析的元件模型库安装在目录 Tools/Capture/Library/pspice/advanls 下，如图 2-9-2 所示。应将上述高级分析的模型库文件全部进行加载以便调用。

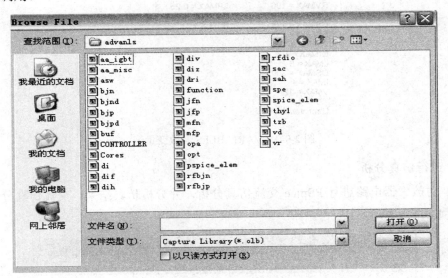

图 2-9-2 PSpice AA 高级元件库

2. 绘制电路原理图

电路原理图的绘制方法和 Capture 中类似，只是调用的模型库不同而已。在图 2-9-2 所示的元件模型库中找到设计所需的元件，加以调用，并进行连线等。此外，还需要设置元件的高级仿真参数，例如容差等。具体步骤如下：

（1）添加电路设计的元器件。模型标称值设置与标准 PSpice 模型相同，只是器件要从高级分析库中提取，三极管模型库为 BJN，名称是 2N2369；电阻电容等元件在库 PSPICE_ELEM 中，电阻名称为 RESISTOR，电容名称为 CAPACITOR。

（2）设置高级分析元器件参数。在 PSPICE_ELEM 库中找到"VARIABLES"，然后将之添加到原理图中。图 2-9-3 就是高级分析的参数变量表，其中可以设置电阻、电容等无源元件的高级分析参数，具体设置如图 2-9-3 所示。

```
Advanced Analysis Properties
Tolerances:
RTOL = 10
CTOL = 10
LTOL = 0
VTOL = 0
ITOL = 0

Smoke Limits:
RMAX = 0.25          ESR = 0.001
RSMAX = 0.0125       CPMAX = 0.1
RTMAX = 200          CVN = 10
RVMAX = 100          LPMAX = 0.25
CMAX = 50            DC = 0.1
CBMAX = 125          RTH = 1
CSMAX = 0.005
CTMAX = 125
CIMAX = 1
LMAX = 5
DSMAX = 300
IMAX = 1
VMAX = 12

User Variables:
```

图 2-9-3　VARIABLES 参数变量表

3. 进行仿真分析

(1) 对放大器电路进行 PSpice 交流仿真分析，并分析仿真结果。交流仿真分析的参数设置如图 2-9-4 所示。

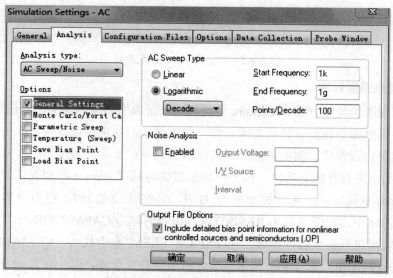

图 2-9-4　交流仿真分析参数设置

交流分析结果及电路输出波形如图 2-9-5 所示，从图中可以看出，增益、带宽均适宜，对标称值设计也理想。

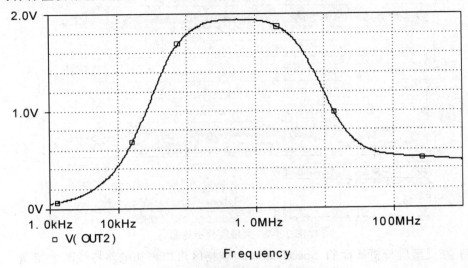

图 2-9-5　交流分析结果及电路输出波形

(2) 为进行灵敏度分析，将电路特性参数(带宽、增益)细化；在交流分析结果输出时，可在显示模拟分析结果的"Probe"窗口中，执行"Trace→Evaluate Measurement"子命令，在出现的"Evaluate Measurement"对话框中，选择电路特性函数 3DB 的带宽，具体设置参考实验六。同理，确定最大增益 Max 的 DB 值，两特性函数结果如图 2-9-6 所示，显示在 Measurement Results 列表中。

Evaluate	Measurement	Value
✓	Max(DB(V(out2)))	5.75703
✓	Bandwidth_Bandpass_3dB(V(out2))	7.42047meg
	Click here to evaluate a new measurement...	

图 2-9-6　特性函数结果图

4. 进行灵敏度(Sensitivity)分析

1) 调入、运行灵敏度分析工具

(1) 为了达到设计要求，可以在"灵敏度分析工具"窗口中找出对目标函数最灵敏的关键元器件。在原理图绘制窗口执行"PSpice→Advanced Analysis→Sensitivity"命令，调用灵敏度分析工具，如图 2-9-7 所示。

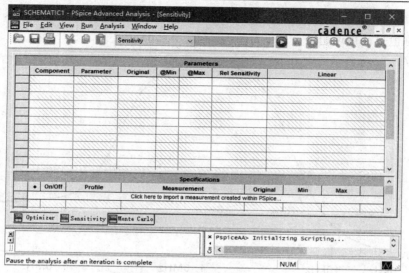

图 2-9-7　灵敏度分析界面

(2) 在灵敏度分析界面的 Specifications 表格区可以添加电路特性函数(带宽、增益等)，在该列表中单击 Click here to import a measurement created within PSpice. 图标，在弹出的"Import Measurement(s)"对话框中(见图 2-9-8)，选择所需分析的目标函数。

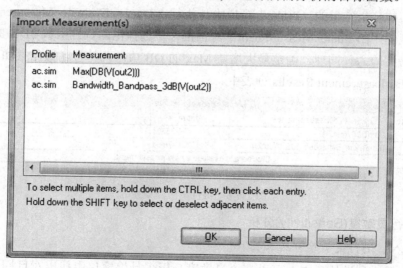

图 2-9-8　Import Measurement(s)对话框

(3) 选中所需目标函数所在行，并以相对灵敏度形式显示分析结果。运行灵敏度分析的结果,如图 2-9-9 所示,其中下方的控制栏显示仿真的过程。设置相对灵敏度,执行"Analysis→Sensitivity→Display→Relative Sensitivity"命令。

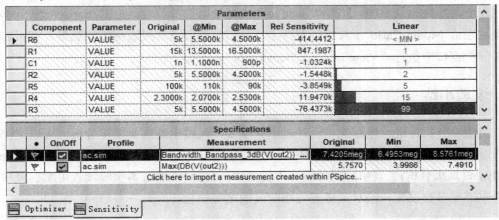

(a) 带宽灵敏度分析结果

(b) 增益灵敏度分析结果

图 2-9-9 灵敏度分析结果

2) 灵敏度结果的分析处理

从图 2-9-9 可知,影响带宽目标函数灵敏度的最关键元器件是 R3 和 R4。在此基础上,可以修改元器件的参数,改进电路设计,并把生成的灵敏度信息结果传送给其他优化工具。在 Sensitivity 工具窗口的 Parameter 表格区中选择要进行优化设计的元器件,单击右键,在出现的快捷菜单中,执行"Send to Optimizer"命令可以将关键的元器件参数发送给 Optimizer 工具，进行元器件参数的优化。同样在 Sensitivity 工具窗口的 Specifications 表格区中选择要进行优化设计的电路特性函数名称(带宽、增益)，单击右键，在出现的快捷菜单中，执行"Send to"命令可以把参数发送给 Optimizer 进行优化，或者发送给 Monte-Carlo 工具进行蒙特卡罗分析。若要查看灵敏度原始数据，则可在灵敏度分析窗口中执行"View/Log File/Sensitivity"命令。

五、实验小结

灵敏度分析在进行电路优化设计时十分重要，通过电路的灵敏度分析，可以更快地完成对电路的优化设计。从 PSpice 10 开始把 Sensitivity(灵敏度)分析增加进入 Advanced Analysis (高级分析)工具中，同时整合"极端情况分析"。通过本实验读者可掌握灵敏度分析中容差参数设置、绝对灵敏度与相对灵敏度等概念。

实验十　PSpice 的高级分析(二)

一、实验目的

掌握利用 PSpice 的高级分析工具对电路进行优化分析和蒙特卡罗分析的具体方法。

二、实验原理

1. 电路优化设计

电路优化设计，实际上就是在约束条件限制下，不断调整电路中元器件参数，进行电路模拟迭代，直到目标参数满足优化要求的过程。因此，进行一次优化将包括多次电路模拟。

优化过程中，调整元器件参数(包括确定参数的增减方向和调整幅度大小)以及迭代过程中模拟程序的调用和结果判断，都是由优化程序自动进行的。如果由于电路特性指标要求过高或者用户设置的优化参数不合理等原因，最终达不到预计的要求，则 Optimizer 工具给出的也将是这些元器件参数的一组最佳设计值。

2. 无源元件的容差参数和分布参数

(1) 无源元件值的分散性用属性参数"DIST"描述。

Monte-Carlo 分析中支持下述 4 种分布：

FLAT：均匀分布。

GAUSS：以元件标称值为均值、以容差的三分之一为标准偏差的正态分布。

BSIMG：双峰分布(在正负容差边界处出现的概率最大)。

SKEW：偏斜分布(在正容差和负容差两个方向出现的概率不相等)。

(2) 有源器件的容差参数和分布参数通过模型参数编辑器设置。

三、实验内容

对实验九的两级放大电路进行 PSpice AA 电路优化分析和蒙特卡罗分析。

四、实验步骤

1. 优化(Optimizer)分析

对于放大电路,优化设计要求为:增益保持在 2.5~4.5 dB 之间,带宽不小于 15 MHz。需要对电路参数进行优化处理。

在原理图绘制窗口,执行"PSpice/Advanced Analysis/Optimizer"程序命令,启动高级分析中的优化工具,如图 2-10-1 所示。

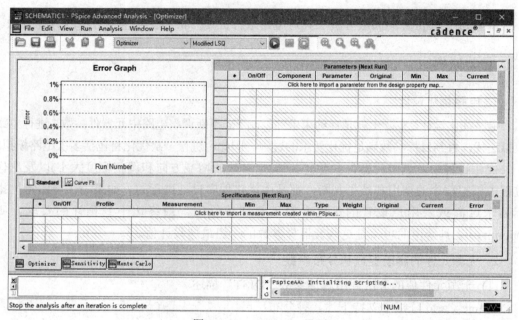

图 2-10-1 Optimizer 界面

1) 调整设计变量

优化过程中调整元器件参数区的数据大多是由灵敏度分析得出对电路特性参数优化影响最大的元器件参数的。

本次优化只对无源器件进行参数优化。在"Parameters(Next Run)"窗口单击"Click here to import a parameter from the design property map"图标,弹出"Parameters Selection Component Filter[*]"对话框,如图 2-10-2 所示,选择需要优化的无源参数(灵敏度高的参数),点击"OK"键即添加优化参数(本例中将添加电阻 R3、R4)。

图 2-10-2　参数选择对话框

2) 选择目标函数

选择 Standard 选项卡,在"Specifications(Next Run)"窗口单击"Click here to import a measurement created within PSpice…"图标,使用与灵敏度分析同样的方法选择目标函数。

3) 设定目标变量优化范围

对目标函数,根据优化设计要求(增益保持在 2.5 dB～4.5 dB 之间,带宽不小于 15 MHz)设定优化范围,然后进行元器件参数的优化。如图 2-10-3 所示,在 Min 和 Max 选项中,已设定好目标函数的优化范围。

	On/Off	Profile	Measurement	Min	Max	Type	Weight
	✓	ac.sim	Bandwidth_Bandpass_3dB(V(out2))	15meg		Goal	1
	✓	ac.sim	Max(DB(V(out2)))	2.5000	4.5000	Goal	1

图 2-10-3　目标函数的优化范围

4) 运行优化分析及结果分析

选择 MLSQ(修正最小二乘二次方)优化分析引擎,按下 ▶(运行)按钮,运行 Optimizer 优化工具,如图 2-10-4 所示为优化过程中目标参数的变化过程。优化分析结束后,可从 Parameters 表格区、Specifications 表格区观察元器件参数、目标函数优化后的结果,如图 2-10-5 所示。目标函数优化后元器件参数值如图 2-10-6 所示。

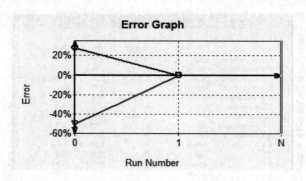

图 2-10-4　目标函数优化过程

	On/Off		Profile	Measurement	Min	Max	Type	Weight	Original	Current	Error
▶	✓		ac.sim	Bandwidth_Bandpass_3dB(V(out2))	15meg		Goal	1	7.4205meg	39.6006meg	0%
	✓		ac.sim	Max(DB(V(out2)))	2.5000	4.5000	Goal	1	5.7570	3.3514	0%

图 2-10-5　目标函数优化后的结果

	On/Off		Component	Parameter	Original	Min	Max	Current
▶	✓		R4	Value	2.3000k	230	23k	611.2583
	✓		R3	Value	5k	500	50k	950

图 2-10-6　目标函数优化后元器件参数值

从图 2-10-6 中的"Current"一列可以得到符合设计要求的元件参数值，同样在 Error Graph 图表区可以查看优化过程中动态显示的优化进程，以及电路特性函数当前值与优化目标值的差距。

若要在 Error Graph(误差图)中显示运行过程中某一次的分析数据，可以点击 Error Graph 图中的横坐标(代表模拟次数)，则相应地在 Parameters 和 Specifications 表格区会显示该次分析的参数值和电路特性函数值。

若想查看优化分析原始数据，则可在优化分析窗口中执行"View→Log File→Optimizer"程序命令，即可调出 Optimizer 分析结果清单。

5) 运用离散引擎确定优化后参数理想结果

从工具栏的引擎选择下拉列表，选择离散引擎(Discrete Engine)，并在 Parameters 表中的 Discrete Table 一列中选择符合要求的离散值系列，运行离散引擎。

优化分析结束后，返回到电路图编辑器中，修改元器件参数，使其更新为符合生产标准的系列标称值。修改完毕后,再对电路重新进行一次模拟分析,检验电路特性和模拟结果波形,确保得到所期望的理想优化结果。

2. 蒙特卡罗(Monte-Carlo)分析

1) 分布参数的设置

在调用 Monte-Carlo 工具前,先要对元器件(元器件必须选自高级分析库)容差的分布参数进行设置。对于无源元器件电阻 R、电容 C 等最常用的元件,双击元件符号后,出现如图 2-10-7 所示的元件属性编辑框。电阻电容来自于库 PSPICE_ELEM。

Color	Default
Designator	
DIST	gauss
Graphic	RESISTOR.Normal
ID	
Implementation	
Implementation Path	
Implementation Type	PSpice Model
Location X-Coordinate	480
Location Y-Coordinate	390
MAX_TEMP	RTMAX
Name	JNS3891
NEGTOL	RTOL%
Part Reference	R4
PCB Footprint	
POSTOL	RTOL%
POWER	RMAX
Power Pins Visible	
Primitive	DEFAULT
Reference	R4
SIZE	1B
SLOPE	RSMAX
Source Library	C:\CADENCE\SPB_17.2
Source Package	RESISTOR
Source Part	RESISTOR.Normal
TC1	RTMPL
TC2	RTMPQ
TOL_ON_OFF	ON
Value	2.3K
VOLTAGE	RVMAX

图 2-10-7 元件属性编辑框

在 DIST(分布参数设置)选择最接近生产实际情况的高斯(Gauss)分布方式,并设置好元件的正负误差:正负误差的选项为 POSTOL 和 NEGTOL,这里我们都设定为 10%。确认选择后保存,系统就会按设定的高斯分布参数类型进行蒙特卡罗分析。

2) 蒙特卡罗分析参数设置

在"Monte-Carlo"窗口执行"Edit→Profile Settings"子命令,出现与蒙特卡罗分析相关的参数。设置"Profile Settings"对话框,如图 2-10-8 所示,在该对话框中设置相关参数,将 Number of Runs (运行次数)设为"100"。

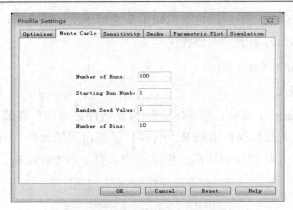

图 2-10-8　蒙特卡罗分析参数设置

在"Statistical Information"窗口中选择需要统计的信息，单击"click here to import a measurement created within PSpice"图标，如图 2-10-9 所示，选择带宽和增益作为统计信息。

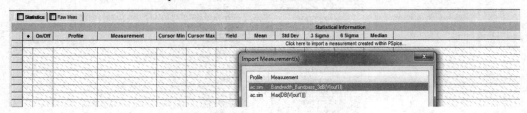

图 2-10-9　选择统计信息

3) 蒙特卡罗分析的进行

在上述设置完成后，按下 ▶ 图标(运行按钮)，进行蒙特卡罗分析，分析结束后，将在"Monte-Carlo"窗口显示数据直方图和相关分析数据，如图 2-10-10、图 2-10-11 和图 2-10-12 所示。

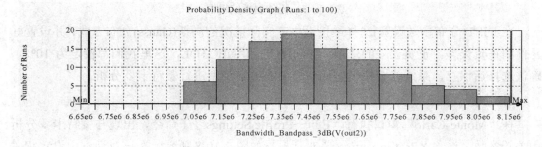

图 2-10-10　带宽分布直方图

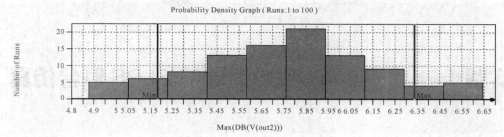

图 2-10-11　DB 分布直方图

	On/Off	Profile	Measurement	Cursor Min	Cursor Max	Yield	Mean	Std Dev	3 Sigma	6 Sigma	Median
▶	✓	ac.sim	Max(DB(V(out2)))	5.1840	6.3360	87%	5.7624	388.0377m	100%	100%	5.7963
	✓	ac.sim	Bandwidth_Bandpass...	6.6780meg	8.1620meg	100%	7.4758meg	253.2688k	100%	100%	7.4258meg
			Click here to import a measurement created within PSpice								

图 2-10-12　蒙特卡罗分析结果

从结果图中，我们能看到蒙特卡罗分析结果的直方图分布，设置好要求范围，如 DB 分布中，设置最小值和最大值为标称值 5.76 的 ±10%，能直接得到成品率为 87%。

若想以累计分布函数(CDF)图形方式显示运行分析结果，可在 PDF 图表区右键快捷菜单中，执行"CDF Graph"命令进行转换，则可显示带宽电路特性函数数据的累计统计分布图。

若要查看蒙特卡罗分析原始数据，则在"Monte-Carlo"窗口中执行"View→Log File→Monte Carlo"程序命令，即可调出 Monte-Carlo 分析结果清单。

五、实验小结

电路的优化分析以及蒙特卡罗分析，是常用的高级分析功能，通过本实验，使读者学习掌握采用高级分析工具改善电路性能、优化电路设计、提高电路的可靠性和生产成品率。在实验中，重点理解如下事项。

(1) 优化指标：在优化中必须满足的电特性要求称为优化指标，可分为两类，包括约束条件(Constraints)和目标参数(Performance Goal)；

(2) 优化引擎(Engine)：优化过程中采用的优化算法，包括改进的最小二乘法引擎(Modified Least Squares Quadratic，MLSQ)、最小二乘法引擎(LSQ)、随机引擎(Random Engine)、离散引擎(Discrete Engine)，需要掌握合理安排算法的选择和次序；

(3) 理解蒙特卡罗分析中有源器件、无源器件容差参数的设置。

实验十一 Matlab 与 PSpice 的 SLPS 联合仿真

一、实验目的

(1) 了解 Matlab 与 PSpice 进行 SLPS 联合仿真的原理。
(2) 掌握 Matlab 与 PSpice 进行 SLPS 联合仿真的方法。

二、实验原理

Cadence 仿真技术和 MathWorks 公司的 Matlab Simulink 软件包将两个业界领先的仿真工具集成在一个强大的协同仿真环境(SLPS)中。Simulink 是一个用于多域仿真和基于模型的动态系统设计平台。SLPS 可以对包含有电气模型的实际元器件进行系统级仿真。设计和集成中存在的问题可以在设计过程更早的时期发现,从而减少了电路设计所需的原型数量。SLPS 集成还可使机电系统——如控制模块、传感器及电源转换器完成系统集成和电路仿真。

三、实验内容

使用 SLPS 模块对基本锁相环电路进行协同仿真,体会采用 SLPS 的优点。

四、实验步骤

(1) 在 Simulink 中完成系统级设计。设计基本锁相环的总体 Simulink 系统模型如图 2-11-1 所示,包含鉴相器(Phase Detector) 模块、低通滤波器(LPF) 模块和压控振荡器(VCO) 模块。为了完成模型仿真,模型中还包含了输入参考信号模块、参考信号和合成信号波形显示模块。输入参考信号模块采用 Simulink 库的 SOURCES 子库中的 Pulse Generator 模块实现,其周期设置为 1/fr 秒,脉宽 50%,其中 fr 为参考信号频率。波形显示模块采用 Simulink Sinks 子库中的 Scope 模块实现。

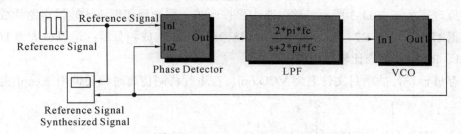

图 2-11-1 基本锁相环的 Simulink 系统模型

完成系统模型构建及参数设置后,在模型窗口中选择执行 "File/Model Properties" 命令,先在打开的窗口中选择 "Callbacks" 标签页,在 Model pre-load function 列表中设置参考信号频率 $f_r = 2000$ Hz,压控振荡器增益 $K_{VCO} = 1800 \times 2\pi$,压控振荡器的自由振荡频率 $\omega_0 = 150 \times 2\pi$,LPF 的截止频率 $f_c = 10$ Hz。然后,在 "Simulink" 模型窗口选择执行 "Simulation/Configuration Parameters" 命令,在打开的配置参数对话框中设置仿真参数 "Start time" = 0.0 s,Stop time = 1.5e−2 s,Max step size = auto。仿真参数设置完毕后,执行 "Simulation→Start" 命令启动仿真过程。仿真结束后双击 Scope 模块可以看到如图 2-11-2 所示的参考信号和合成信号波形。

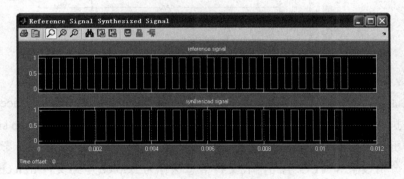

图 2-11-2 基本锁相环系统模型仿真结果

(2) 决定系统模型中需要调用 PSpice 模拟仿真的模块。为了有效地进行协同仿真,需要通过原理分析,确定系统模型中需要被 SLPS 代替的关键模块,以便采用 Caputre 设计该模块的电路结构,并使用 PSpice 进行电路级仿真分析。

考虑到压控振荡器是锁相环的核心模块,因此需要确定在后续系统模型中通过 SLPS 实现该关键模块的电路级设计和仿真。

(3) 设计代替系统模型中关键模块的电路。基于运算放大器 TL082 设计的压控振荡器电路原理图如图 2-11-3 所示。该电路由可控开关、积分器和迟滞比较器电路构成。运算放大器 U1B、电阻 R2、R3、R5、R7、R8、电容 C1 构成积分器；运算放大器 U1A、电阻 R1、R4 构成迟滞比较器电路。

记存放该设计的项目文件名为 VCO.opj。在进行协同仿真时将要调用该 .opj 文件。

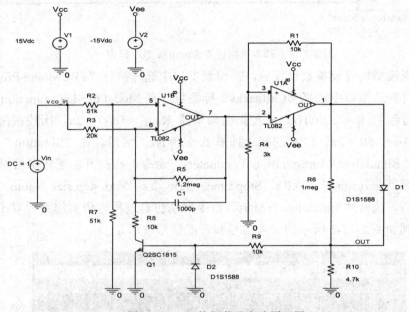

图 2-11-3　压控振荡器电路原理图

为了验证设计的电路是否满足压控振荡器的功能和特性要求，采用 PSpice 对该压控振荡器电路执行瞬态特性仿真，瞬态分析参数设置为：Run time = 10 ms, Step size = 1 ns。

模拟分析结果得到如图 2-11-4 所示的输出波形 V(OUT)。另外，PSpice 软件自动将 PSpice 瞬态分析设置和 VCO 电路网表文件信息保存为 PSpice 电路文件 tran.cir，协同仿真中将调用该 .cir 文件。

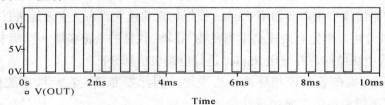

图 2-11-4　Vin = 1 V 时瞬态分析结果

瞬态特性分析的同时，对 VCO 输入电压 Vin 以线性方式进行参数扫描，Vin 的取值范围设置为：Start value = 0.25，End value = 5，Increment = 0.25。

模拟得到的输出频率与输入电压的关系为线性关系，如图 2-11-5 所示。计算可得，其频率为 1800 Hz/V，截距为 150 Hz。

由于压控振荡器的输出频率满足关系式：$\omega_{out} = \omega_0 + K_{VCO}V_{out}$，因此由图中斜率和截距分别乘以 2π 即可得到该压控振荡器的增益 $K_{VCO} = 1800 \times 2\pi$，自由振荡频率 $\omega_0 = 150 \times 2\pi$，上述系统模型中 K_{VCO} 和 ω_0 两个参数正是基于这两个数值进行设置的。

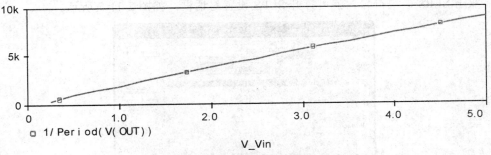

图 2-11-5　输出信号 Vout 的频率与输入电压 Vin 的关系

(4) 用 SLPS 代替系统模型中的关键模块。通过 PSpice 模拟仿真，表明设计的电路能实现系统中关键模块的功能和特性要求后，为了用设计的电路代替系统模型中的关键模块，首先在 Matlab 的命令窗口中输入命令"slpslib"，然后调出 SLPS 模块，用来代替系统模型中的关键模块。构建的 SLPS 取代了压控振荡器模块的基本锁相环 Simulink 的系统模型，如图 2-11-6 所示。

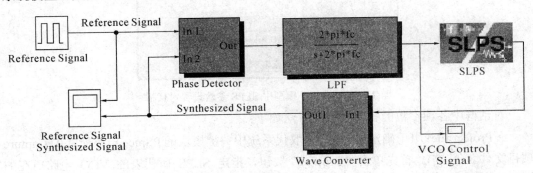

图 2-11-6　基于 SLPS 的基本锁相环的 Simulink 系统模型

图中的 Phase Detector 模块和 LPF 模块仍保留采用图 2-11-1 中的模型，只是将图

2-11-1 中的 VCO 模块用 SLPS 模块代替，并采用由关系运算符 Relational Operator 构成的 Wave Converter 模块，将 SLPS 的输出波形转变为二进制脉冲波形。由于 SLPS(VCO 电路)输出波形的幅值为 12 V，因此 Wave Converter 模块中的关系运算符 Relational Operator 将 SLPS 输出信号幅值与 6 进行比较，产生最终的脉冲输出信号。

(5) SLPS 模块的参数设置。为了用设计的压控振荡器电路代替系统模型中的压控振荡器关键模块，在 Simulink 环境中采用 SLPS 代替系统模型中的压控振荡器模块以后，必须设置好 SLPS 的相关参数，这是实现协同仿真的关键一步。

双击 SLPS 模块符号，就可打开 SLPS 设置对话框，如图 2-11-7 所示。

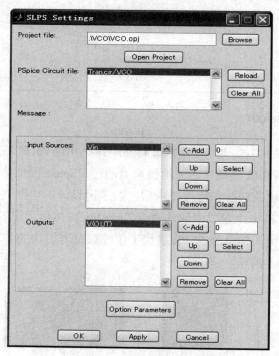

图 2-11-7　锁相环模型中 SLPS 参数设置对话框

对话框中各项参数的含义及设置方法如下：

• Project file：用于确定通过 SLPS 取代系统中关键模块的 PSpice 电路所在的 Capture 项目文件名(*.opj)。首先单击"Browse"按钮，指定 SLPS 所代表的 VCO 电路所在的 Capture 项目文件 VCO.opj，然后单击"Open Project"键，就可以在 Capture 中打开所指定的 VCO.opj 项目文件。

- **PSpice Circuit file**：其右侧列表框中列出当前项目文件中的所有 .cir 文件，用户从中选择包含 PSpice 分析设置和该电路网表文件信息的 PSpice 电路文件 (*.cir)。对于压控振荡器电路，保存电路网表文件信息以及模拟分析参数的.cir 文件为 Tran.cir/VCO。用户可以根据需要使用该栏右侧的两个按钮：单击"Reload"按钮可以更新对原理图所做的改变；单击"Clear All"按钮则可清除"PSpice Circuit file"列表框中的信息。

说明：.cir 文件是在 PSpice 进行模拟仿真的同时自动建立的，因此，使用 SLPS 调用电路前，需要先调用 PSpice 分析关键模块对应的实际电路。

- **Message**：显示设置过程状态信息以及出现的错误信息。
- **Input Sources**：指定从 Simulink 通过 SLPS 模块进入 PSpice 电路的输入电压源(V*)或电流源(I*)信号，将传递给 SLPS 模块所代表的电路中的某个激励信号源。在调用 PSpice 对 SLPS 所代表的电路进行模拟仿真时，电路中的这个信号源将采用由 Simulink 传递过来的激励信号源。如果选择电压源，则通过 SLPS 进入 PSpice 电路的输入数据是电压值；如果选择电流源，则通过 SLPS 进入 PSpice 电路的输入数据是电流值。如果电路中有多个输入激励信号源，则它们在"Input Sources"列表框中的上下排列顺序应该与 SLPS 模块的输入端的信号顺序相同。如图 2-11-3 所示，压控振荡器电路中的输入激励信号源为 Vin，因此图 2-11-7 中 Input Sources 项的设置值为 Vin。设置过程中，用户可以根据需要选用该栏右侧的几个按钮：

单击"Select"按钮，则列出"PSpice Circuit file"选项中设置的.cir 文件所对应的电路中的所有激励源名称。然后单击选用的激励源，使其出现在"Select"按钮上方的文本框中，再单击"Add"按钮，将其添加到"Input Sources"列表框中；

单击"Up"和"Down"按钮，可以调整"Input Sources"列表框中激励源的排列顺序；

单击"Remove"按钮，即删除"Input Sources"列表框中选中的激励源；

单击"Clear All"按钮，则删除"Input Sources"列表框中的所有激励源。

- **Outputs**：指定将 PSpice 电路中的某个节点电压、支路电流或者功耗等作为输出信号，通过 SLPS 模块输出端传送到 Simulink。与 Input Sources 的设置情况类似，在设置"Outputs"时，用户可以根据需要选用该栏右侧的几个按钮。

单击"Select"按钮，则列出"PSpice Circuit file"选项中设置的.cir 文件所对应的电路中通过 PSpice 模拟仿真产生的所有输出信号。单击选用的信号名，使其出现在"Select"按钮上方的文本框中，再单击"Add"按钮，就将其添加到"Outputs"列表框中。如图 2-11-3 所示，压控振荡器电路的输出信号是节点 OUT 的电压，因此图 2-11-7 中"Ouputs"

项的设置值为 V(OUT)。

"Up""Down""Remove"和"Clear All"这几个按钮的作用与"Input Sources"列表框右侧同名按钮的作用相同。

如果有多个输出信号,则它们在 Outputs 列表框中的顺序应该与 SLPS 模块输出端的信号顺序相同。

• Option Parameters:单击此按钮将打开选项参数设置对话框,通过设置此对话框可以防止不收敛情况的发生。如果没有特殊的要求,则一般采用默认设置。

(6) 进行协同仿真。完成上述 5 个步骤后,在 Simulink 模型窗口选择执行"Simulation→Configuration Parameters"命令,在打开的配置参数对话框中设置仿真参数 Start time = 0.0 s,Stop time = 100e−3 s,max step size = 1e−4 s。仿真参数设置完毕后,选择执行"Simulation→Start"命令开始协同仿真。

(7) 验证初始系统设计。根据 VCO 控制信号可看出锁相环大约在 70 ms 后锁定,如图 2-11-8 所示。基于 SLPS 的锁相环系统协同仿真结果如图 2-11-9 所示。

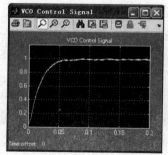

图 2-11-8　VCO 控制信号

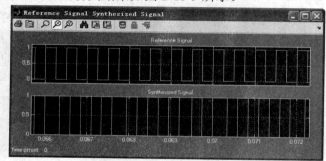

图 2-11-9　参考信号和合成信号对照

五、实验小结

通过本实验,读者可以根据应用实例学习掌握调用 SLPS 模块实现 PSpice-Matlab 协同仿真的方法与步骤。在本实验中,应注意以下事项:

(1) 最新版本 Cadence\SPB_17.2 可以和 Matlab 2016a(64bit)兼容。

(2) 如果遇到如图 2-11-10 所示问题,则在 Matlab Command Window 中输入:

>>bdclose all

>> slCharacterEncoding('ISO-8859-1')

然后打开 Simulink 的 model 文件,再输入:

>> set_param('mosckt'，'SavedCharacterEncoding'，'ISO-8859-1')

就可以解决。出现上述问题的原因是文件中出现了中文字符，可以在 .err 文件中找到错误的位置。出错的位置显示的是日期出错，日期是用中文表示的。

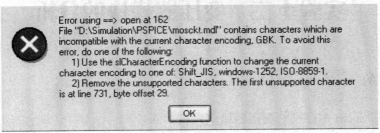

图 2-11-10 设置报错

(3) 若出现如图 2-11-11 所示仿真报错："Error reported by S-function 'slpsblk' in 'SLPS/SLPS/S': *** Initialization Error in SLPS ***"，则可按下述方法解决问题：关闭 Matlab 与 PSpice。如果它们正在运行，则配置以下环境变量：使用"控制面板→系统→高级"(或高级系统设置)，然后单击环境变量按钮，添加一个新的变量，无论是用户，还是系统、环境变量。将变量名称 PSPICEINIPATH 值设置为%CDSROOT%\tools\ PSPICE \ pspice.ini。最后关闭环境编辑器，再次尝试进行仿真，问题就可以解决。

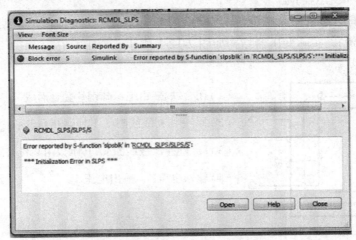

图 2-11-11 仿真报错

实验十二　变压器模块的分析

一、实验目的

(1) 了解 PSpice 中已有的变压器模型。
(2) 掌握常用变压器模型的分析方法，并进行常规分析。

二、实验原理

1. 变压器的结构

变压器(Transformer)是利用电磁感应的原理来改变交流电压的装置，主要构件是初级线圈、次级线圈和铁芯(磁芯)。其主要功能有：电压变换、电流变换、阻抗变换、隔离、稳压(磁饱和变压器)等。

当初级线圈中通有交流电流时，铁芯(或磁芯)中便产生交流磁通，使次级线圈中感应出电压(或电流)。实际变压器结构如图 2-12-1 所示。

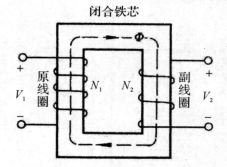

（1）闭合铁芯(由绝缘硅钢片叠合而成)。
（2）原线圈(初级线圈)。其匝数用 N_1 表示，与交变电源相连。
（3）副线圈(次级线圈)。其匝数用 N_2 表示，与负载相连。
（4）输入电压 V_1，输出电压 V_2。

图 2-12-1　实际变压器结构示意图

PSpice 电路仿真中常用的变压器模型，包括理想和非理想的线性变压器模型。

2. 变压器的常见参数

变压器的常见参数如下：

(1) 耦合系数：表示元件间耦合的松紧程度，其值在 –1～1 之间，理想变压器为 1。

(2) 变比：变压器的变比 K(即电压比)是在变压器空载条件下，绕组电压 V_1 和绕组电压 V_2 之比，$V_1/V_2 = (L_1/L_2)^{(1/2)}$，电压之比为线圈之比（或电感之比）的平方根。

(3) 磁心：磁心分为理想磁心和非理想磁心，它是指由各种氧化铁混合物组成的一种烧结磁性金属氧化物。

三、实验内容

(1) 了解 PSpice 中的理想变压器和非理想变压器。PSpice 中存在理想变压器和符合实际情况的非理想变压器，在应用中可选择合适的变压器。

(2) 理想变压器的组成分析。

(3) 理想变压器的常规分析。了解理想变压器的性能，并对其在电路中的功能进行分析。

四、实验步骤

1. PSpice 中的理想和非理想变压器

PSpice 中存在两种理想变压器和四种非理想变压器模型，两种理想变压器模型如图 2-12-2 所示，四种非理想变压器模型如图 2-12-3 所示，可根据实际需要，选择合适的变压器模型。

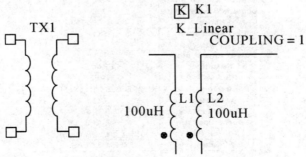

图 2-12-2　理想变压器 XFRM_Linear(左)与 K_Linear(右)

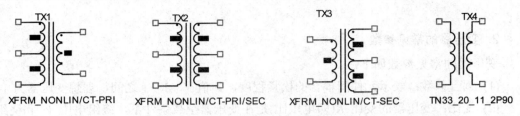

图 2-12-3 非理想变压器 XFRM_NONLIN

2. 理想变压器的组成

理想变压器具有以下特点：

(1) 无漏磁通，耦合系数为 1；

(2) 不消耗能量，即线圈的电阻均为零，铁心无热损耗；

(3) 每个线圈的自感系数 L1/L2/M 趋向无穷大，但 sqr(L1/L2) = const。

1) 线性变压器 XFRM_Linear

可以通过设置线圈 L1 和线圈 L2 的比值以及耦合 COUPLING 来设置变压器。将耦合 COUPLING 设置为 "1"；L1_VALUE 为原线圈的值，设置为 "10 uH"；L2_VALUE 为副线圈的值，设置为 "10 uH"，其他参数不变，参数设置结果如图 2-12-4 所示。

	A
	⊞ SCHEMATIC1 : PAGE1
Color	Default
COUPLING	1
Designator	
Graphic	XFRM_LINEAR.Normal
ID	
Implementation	
Implementation Path	
Implementation Type	<none>
L1_VALUE	10uH
L2_VALUE	10uH
Location X-Coordinate	450
Location Y-Coordinate	290
Name	INS11590550
Part Reference	TX1
PCB Footprint	
Power Pins Visible	
Primitive	DEFAULT
PSpiceOnly	TRUE
PSpiceTemplate	K^@REFDES L1^@REFDES
Reference	TX1
Source Library	E:\SPB-17.2\TOOLS\CA
Source Package	XFRM_LINEAR
Source Part	XFRM_LINEAR.Normal
Value	XFRM_LINEAR

图 2-12-4 线性变压器参数设置界面

2) 线性磁心构成的线性变压器

选择两个电感，然后使用 K_Linear 将两个电感耦合，点击右键进行参数设置，即显示如图 2-12-5 所示的界面。将耦合 COUPLING 设置为"1"；在 L1 处输入电感"l1"，在 L2 处输入电感"l2"，对设置进行保存，即完成了参数设置。至少要有两个耦合电感，最多可以有六个电感耦合在一起。

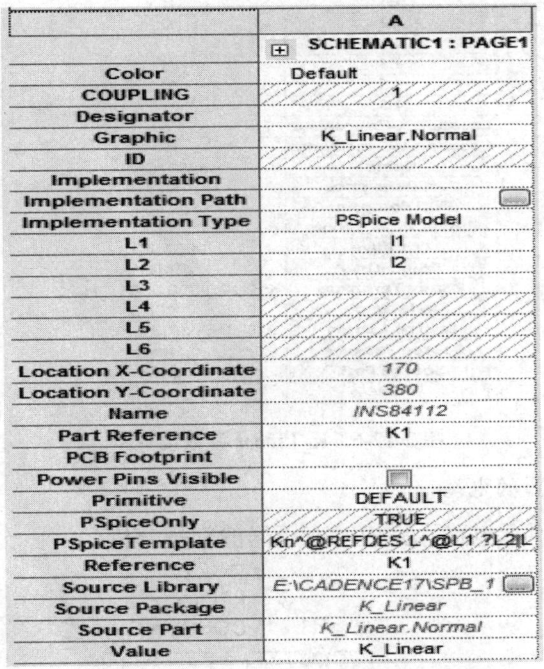

	A
	⊞ SCHEMATIC1 : PAGE1
Color	Default
COUPLING	1
Designator	
Graphic	K_Linear.Normal
ID	
Implementation	
Implementation Path	
Implementation Type	PSpice Model
L1	l1
L2	l2
L3	
L4	
L5	
L6	
Location X-Coordinate	170
Location Y-Coordinate	380
Name	INS84112
Part Reference	K1
PCB Footprint	
Power Pins Visible	
Primitive	DEFAULT
PSpiceOnly	TRUE
PSpiceTemplate	Kn^@REFDES L^@L1 ?L2|L
Reference	K1
Source Library	E:\CADENCE17\SPB_1
Source Package	K_Linear
Source Part	K_Linear.Normal
Value	K_Linear

图 2-12-5 线性磁心构成的线性变压器参数设置

3. 理想变压器的常规分析

1) 设计变压器

电感 L 和 K_Linear 选自库 ANALOG，使用 K_Linear 元件，将两个电感进行耦合，生成变压器的效果。按照如图 2-12-6 进行变压器的参数设置，Vout/Vin = sqr(L2/L1)，因为是纯电感，所以需要开根号；设置 K_Linear 元件，取耦合系数 COUPLING 为"1"即可，将参数 L1 设置为"l1"，参数 L2 设置为"l2"；在本次实验电路中，变压器主要起隔离作用，所以将变比设置为 1。

	A
	⊞ SCHEMATIC1 : PAGE1
Color	Default
COUPLING	1
Designator	
Graphic	K_Linear.Normal
ID	
Implementation	
Implementation Path	
Implementation Type	PSpice Model
L1	l1
L2	l2
L3	
L4	
L5	
L6	
Location X-Coordinate	170
Location Y-Coordinate	380
Name	INS84112
Part Reference	K1
PCB Footprint	
Power Pins Visible	
Primitive	DEFAULT
PSpiceOnly	TRUE
PSpiceTemplate	Kn^@REFDES L^@L1 ?L2|L
Reference	K1
Source Library	E:\CADENCE17\SPB_1
Source Package	K_Linear
Source Part	K_Linear.Normal
Value	K_Linear

图 2-12-6　K_Linear 参数设置图

2) 设计带有变压器的电路

设计如图 2-12-7 所示电路，完成对变压器的常规分析。

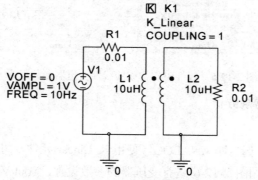

图 2-12-7　带有变压器的简单电路

3) 分析变压器的各端点电压

设置两线圈电感为 10 μH:10 μH，两者缠绕方向一致，电压源频率为 10 Hz。对电路进行时域分析，参数设置如图 2-12-8 所示。

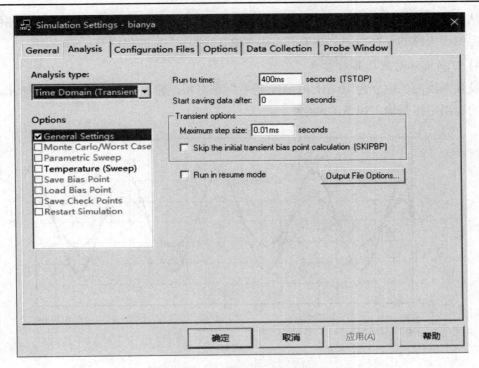

图 2-12-8 时域分析参数设置图

图 2-12-9 所示为电路的时域分析结果图。V(R1:1)为电源电压，V(L1:1)为变压器输入电压，V(L2:1)为变压器输出电压。

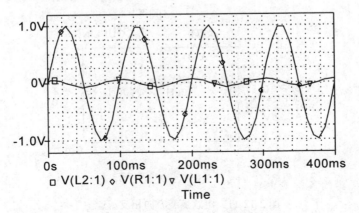

图 2-12-9 时域分析结果图

从结果可知，变压器输出电压 V(L2:1)和变压器输入电压 V(L1:1)大小相等，相位一致。但由于电感的存在，因此和电源电压 V(R1:1)存在一定的相位差。

4) 分析变比对变压器的影响

设置两线圈的电感为 10 μH:40 μH，进行时域分析。输出结果如图 2-12-10 所示，变压器的输出电压是输入电压的两倍。

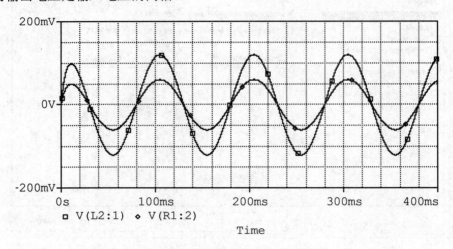

图 2-12-10 变比对变压器的影响

5) 分析缠绕方向对变压器的影响

改变电感的缠绕方向，使之缠绕方向相反，如图 2-12-11 所示。

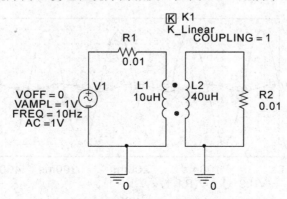

图 2-12-11 电感缠绕方向相反示意图

输出结果如图 2-12-12 所示，若缠绕方向相反，则输入电压和输出电压相位相差为

180。将耦合系数设置为–1也可达到同样的效果。

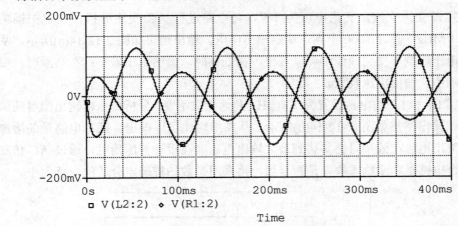

图 2-12-12　电感缠绕方向对输出结果的影响

6) 耦合系数对变压器的影响

对图 2-12-7 所示电路，设置耦合系数分别为 0.4、0.6、0.8、1 时，分析输出电压的波形。输出结果如图 2-12-13 所示。从截图可以看出，当耦合系数增大时，输出电压不断增加。

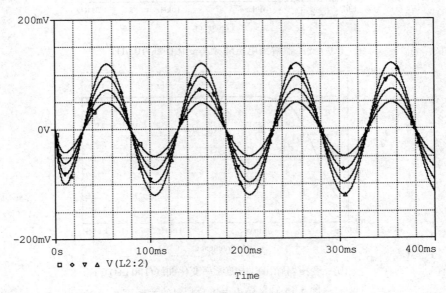

图 2-12-13　耦合系数对输出电压的影响

7) 输出电压和频率的关系

将电压源变为交流，交流电压为 1 V，对电路进行 AC 交流分析。设定扫描频率为 1 Hz～1 MHz，总计 1000 个点，观察输出电压。输出结果如图 2-12-14(a)所示，从变压器输出电压随频率变化曲线中可以看出，在低频时，输出电压较小；在高频时，受励磁电感影响小，输出电压较大。

将电感 L1 和 L2 的电感设置为 100 μH，其他参数不变，分析变压器输出幅度随频率变化曲线。输出结果如图 2-12-14(b)所示，从图形对比可以得出，随着电感量的增加，变压器的输出电压在低频时更易达到最大输出电压。在设计变压器时，通过 AC 仿真可以检测耦合电感量和激励源频率是否合适，再采用参数扫描确定合适的电感大小。

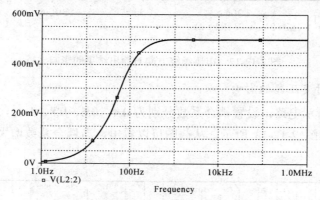

(a) 变压器输出电压随频率变化曲线(10 μH)

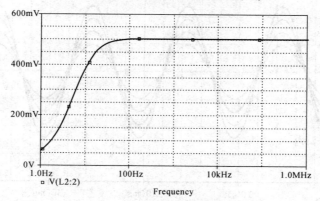

(b) 变压器输出电压随频率变化曲线(100 μH)

图 2-12-14 输出电压和频率的关系

五、实验小结

合理地使用变压器能够使开关电源仿真电路与实际情况更加接近。本实验介绍了 PSpice 中的理想变压器和非理想变压器,并对常用参数和功能进行了详细介绍,方便初学者快速了解变压器的内容。

了解非理想变压器的设计和分析以及非理想变压器的设计方法,有助于使得变压器的设计更接近实际情况。

四种非理想变压器,模型名称为 XFRM_NONLIN,均属于库 BREAKOUT。可以通过修改变压器的 Implementations 属性来改变变压器的非线性磁心,从而改变变压器的特性。如图 2-12-15 所示,设置参数 Implementation 为 "E13_6_6_3E5",则变压器的特性将由非线性磁心 E13_6_6_3E5 决定。

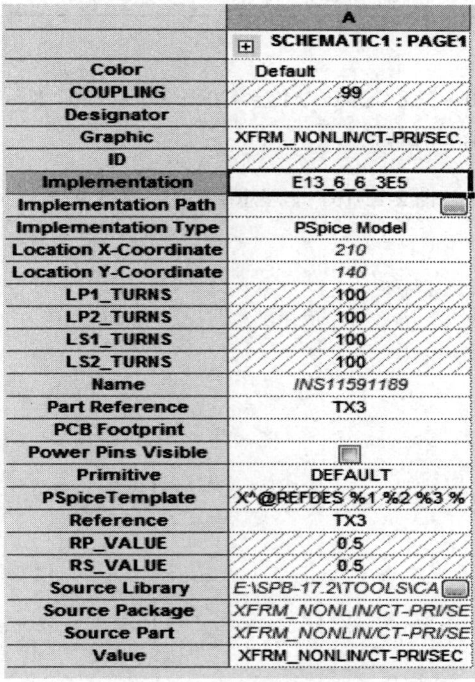

	A
	SCHEMATIC1 : PAGE1
Color	Default
COUPLING	.99
Designator	
Graphic	XFRM_NONLIN/CT-PRI/SEC.
ID	
Implementation	E13_6_6_3E5
Implementation Path	
Implementation Type	PSpice Model
Location X-Coordinate	210
Location Y-Coordinate	140
LP1_TURNS	100
LP2_TURNS	100
LS1_TURNS	100
LS2_TURNS	100
Name	INS11591189
Part Reference	TX3
PCB Footprint	
Power Pins Visible	
Primitive	DEFAULT
PSpiceTemplate	X^@REFDES %1 %2 %3 %
Reference	TX3
RP_VALUE	0.5
RS_VALUE	0.5
Source Library	E:\SPB-17.2\TOOLS\CA
Source Package	XFRM_NONLIN/CT-PRI/SE
Source Part	XFRM_NONLIN/CT-PRI/SE
Value	XFRM_NONLIN/CT-PRI/SEC

图 2-12-15 非线性变压参数设置图

非线性磁心 Kbreak 放在 BREAKOUT 库中,只需要把 Implementations 属性改变为相应的非线性磁心即可。此时,非理想变压器的变比变为匝数比。图 2-12-16 所示为非理想磁心的参数含义。

参数	单位	最小值	最大值	缺省值	意义
LEVEL		1	2	2	磁心等级
GAP	cm	0	1e+030	0	有效空气隙长度
MS	A/m	1	1e+030	1e+06	饱和磁化强度
A	A/m	10	1e+030	1000	形状参数
C		0.01	1e+030	0.2	磁畴壁的挠曲系数
K	A/m	0	1000	500	磁畴壁的销连系数
AREA	cm^2	1e−006	1e+030	0.1	平均磁心有效截面积
PATH	cm	1e−006	1e+030	1	平均磁路长度
PACK		1e−006	1e+030	1	叠层系数

举例:

.MODEL K528 + 500 − 3C8 CORE   MS = 420e + 3   A = 26   K = 18
AREA = 1.17   PATH = 8.49

图 2-12-16 非理想磁心的参数含义

实验十三 EMI 滤波电路的分析

一、实验目的

(1) 掌握对 EMI 模块的基本分析方法。
(2) 了解模块的基本功能和波形图。

二、实验原理

随着功率半导体器件的发展和开关技术的进步,开关电源的开关频率和功率密度不断上升,从而导致开关电源内部的电磁环境越来越恶劣,所产生的电磁干扰对电源本身以及周围电子设备的正常工作也造成了日益严重的威胁。

电源噪声是电磁干扰的一种,其传导噪声的频谱大致为 10 kHz～30 MHz,最高可达 150 MHz。根据传播方向的不同,电源噪声可分为两大类:一类是从电源线引入的外界干扰,另一类是由电子设备产生并经电源线传导出去的噪声。这表明噪声属于双向干扰信号,电子设备既是噪声干扰的对象,又是一个噪声源。若从形成特点看,则噪声干扰分串模干扰与共模干扰两种。串模干扰是两条电源线之间(简称线对线)的噪声。共模干扰则是两条电源线对大地(简称线对地)的噪声。图 2-13-1 为滤波器的示意图。电磁干扰滤波器应符合电磁兼容性(EMC)的要求,也必须是双向射频滤波器,一方面要滤除从交流电源线上引入的外部电磁干扰,另一方面还要避免设备本身向外部发出噪声干扰,以免影响同一电磁环境下其他电子设备的正常工作。此外,电磁干扰滤波器应该对串模、共模干扰都起到了抑制作用。

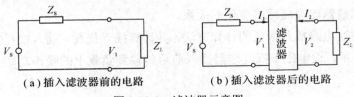

(a) 插入滤波器前的电路　　(b) 插入滤波器后的电路

图 2-13-1　滤波器示意图

EMI 滤波电路的结构包括：共模扼流圈(共模电感)L、差模电容 Cx 和共模电容 Cy。共模扼流圈是在一个磁环(闭磁路)的上下两个半环上，分别绕制相同匝数但绕向相反的线圈。两个线圈的磁通方向一致，共模干扰出现时，总电感迅速增大产生很大的感抗，从而可以抑制共模干扰，而对差模干扰不起作用。

三、实验内容

(1) 了解 EMI 滤波器的主要技术参数。EMI 滤波器的主要技术参数有：额定电压、额定电流、漏电流、测试电压、绝缘电阻、直流电阻、使用温度范围、工作温升 Tr、插入损耗 AdB、外形尺寸、重量等。上述参数中最重要的是插入损耗(亦称插入衰减)，它是评价电磁干扰滤波器性能优劣的主要指标。

(2) 了解常用的差模和共模滤波电路的设计原理。一般的 EMI 滤波器中有两组电容，即跨接在电源线之间起差模抑制作用的 X 电容和接在电源线和地之间起共模抑制作用的 Y 电容，如图 2-13-2 所示，电容 C1、C2、C3 共同组成 X 电容，电容 C7、C8、C9、C10 共同组成 Y 电容。

为了获得较好的高频特性，降低高频等效串联电阻和等效串联电感，X 和 Y 电容通常都是通过几个较小的电容并联来满足其容量要求。电容的选取和频率有关。

(3) 搭建滤波电路。搭建如图 2-13-2 所示的 EMI 滤波电路。

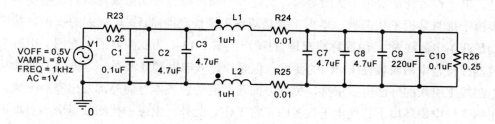

图 2-13-2　EMI 滤波电路图

(4) 了解滤波器电流随频率变化的关系。

(5) 了解滤波电路插入损耗的计算方法，并计算插入损耗。插入损耗(AdB)是频率的函数，用 dB 表示。设电磁干扰滤波器插入前后传输到负载上的噪声功率分别为 P_1、P_2，则有

$$A \text{ dB} = 10 \lg \frac{P_1}{P_2} \tag{3.1}$$

假定负载阻抗在插入前后始终保持不变,则 $P_1 = V_1^2/Z$,$P_2 = V_2^2/Z$。V_1 是噪声源直接加到负载上的电压,V_2 是在噪声源与负载之间插入电磁干扰滤波器后负载上的噪声电压。代入式(3.1)中得到

$$A \text{ dB} = 20 \lg \frac{V_1}{V_2} \tag{3.2}$$

测量插入损耗的电路如图 2-13-3 所示。e 是噪声信号发生器,Z_i 是信号源的内部阻抗,Z_L 是负载阻抗,一般取 50 Ω。噪声频率范围可选 10 kHz~30 MHz。首先要在不同频率下分别测出插入滤波器前后负载上的噪声压降 V_1、V_2,再代入式(3.2)中计算出每个频率点的 AdB 值,最后绘出插入损耗曲线。

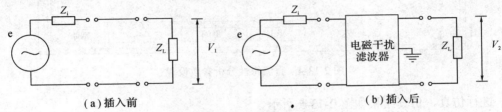

(a) 插入前　　　　　　　　　　　　　(b) 插入后

图 2-13-3　负载等效电路

(6) 了解对地漏电流的计算方法,并计算对地漏电流。

计算 EMI 滤波器对地漏电流的公式为

$$I_{LD} = 2\pi f C V_c \tag{3.3}$$

C 为 Y 电容,V_c 为电容两端的电压。滤波器漏电流的大小,涉及人身安全,各国对它都有严格的标准规定。漏电流越小越好,这样安全性高。按照 IEC950 国际标准的规定,Ⅱ类设备(不带保护接地线)的最大漏电流为 250 μA;Ⅰ类设备(带保护接地线)中的手持式设备为 750 μA,移动设备(不含手持式设备)为 3.5 mA,对于电子医疗设备漏电流的要求更为严格。

四、实验步骤

1. 直流特性分析

对 EMI 滤波电路进行直流特性分析,参数设置如图 2-13-4 所示。

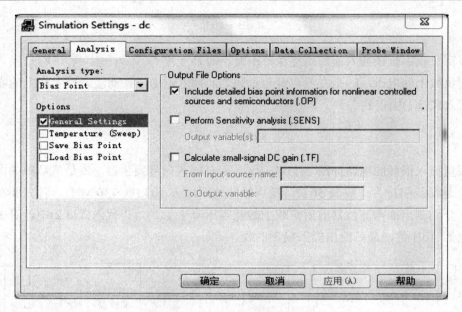

图 2-13-4　直流特性分析参数设置

进行仿真，仿真结果如图 2-13-5 所示。

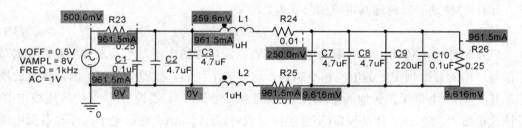

图 2-13-5　直流特性分析结果

2. 交流扫描分析

对电源电流、负载电流和电感电流进行交流扫描分析，查看电流随频率的变化，参数设置如图 2-13-6 所示。

进行仿真，仿真结果如图 2-13-7 所示。

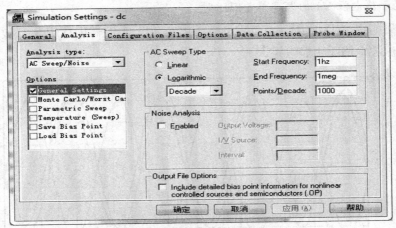

图 2-13-6 交流扫描分析设置

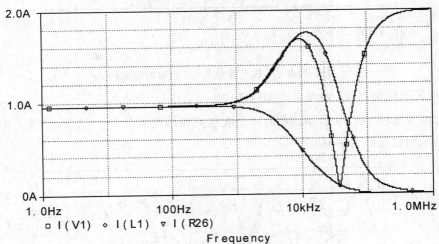

图 2-13-7 交流扫描分析结果

从结果可以看出，频率在 1 kHz 之前，各端口输出电流稳定；在 1 kHz～100 kHz 时，电流的波动较大。其中，负载电流直接减小，电感电流先增大再减小，电源电流呈 V 字形变化。因此，EMI 滤波电路需要工作在合适的频率范围内，并针对干扰电源的频率调整电路参数。

3. 时域分析

分析干扰电压在各频率点时，负载电流、电源电流和电感电流的瞬态变化图形，研究电路随频率的变化细节。

1) 设置干扰电源 V1 的频率为 1 kHz 时

运行结果如图 2-13-8 所示，负载电流 I(R26)和电源电流 I(V1)基本一致，在 1 kHz 低频阶段，滤波电路无明显效果。

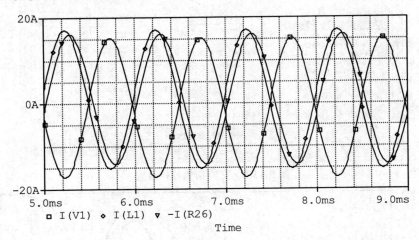

图 2-13-8 干扰电源频率为 1 kHz 时电流图

2) 设置干扰电源 V1 的频率为 10 kHz 时

运行结果如图 2-13-9 所示，此时，负载电流和总电流存在一定的相位差，电感电流和电源电流相位差约为 180。

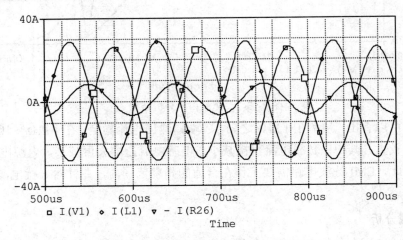

图 2-13-9 干扰电源频率为 10 kHz 时电流图

3) 设置干扰电源 V1 的频率为 50 kHz 时

运行结果如图 2-13-10 所示,此时,负载电流开始趋于稳定,电流波动较小,滤波电路能发挥一定的作用,电感电流和总电流相位基本一致。

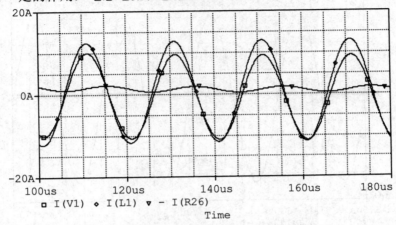

图 2-13-10　干扰电源频率为 50 kHz 时电流图

4) 设置噪干扰电源 V1 的频率为 100 kHz 时

运行结果如图 2-13-11 所示,此时,负载电流趋于稳定,不再有电流波动,则说明此时的滤波电路正常工作且性能良好,电感电流波动也开始变小。

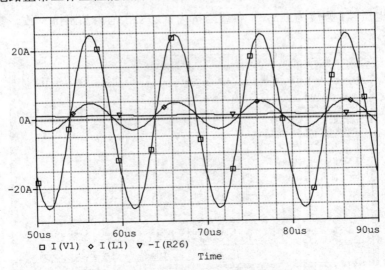

图 2-13-11　干扰电源频率为 100 kHz 时电流图

5) 设置干扰电源 V1 的频率为 1000 kHz 时

运行结果如图 2-13-12 所示，此时，电感电流和负载电流的波动均趋于 0。

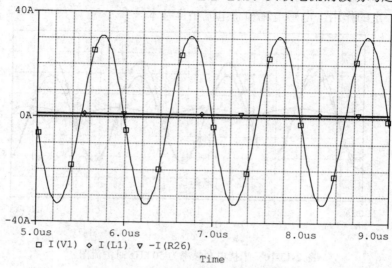

图 2-13-12　干扰电源频率为 1000 kHz 时电流图

从负载电流随频率的变化可知，随着干扰电源频率的增加，负载电流逐渐减小。

4. 电路插入损耗分析

取噪声电压 V1 幅度为 0.5 V，负载阻抗为 0.25 Ω，与内部阻抗一致。参数设置如图 2-13-13 所示。

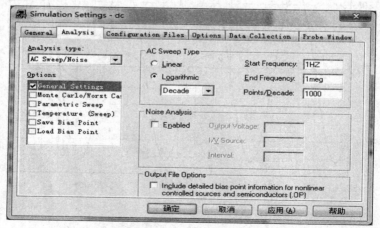

图 2-13-13　交流分析设置图

在不添加滤波电路时,电路图如图 2-13-14 所示,进行 AC 扫描,对负载进行功率分析;由交流扫描的结果可得,负载电阻 R26 的功率为 250 mW,且不随频率变化。添加滤波电路后,如图 2-13-2 所示,同样进行 AC 扫描,对负载进行功率分析。

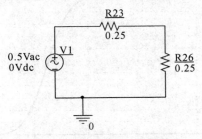

图 2-13-14　不加滤波电路的电路图

利用公式 $A\ \text{dB} = 10\ \lg(P_1/P_2)$,可计算出插入损耗,其中 P_1 为图 2-13-14 计算的负载功率 $P_1 = 250$ mW,P_2 为插入滤波电路后由图 2-13-12 计算的负载功率 $W(\text{R26})$。使用 PSpice 的函数功能,即可得出上述插入损耗曲线,参数设置如图 2-13-15 所示。

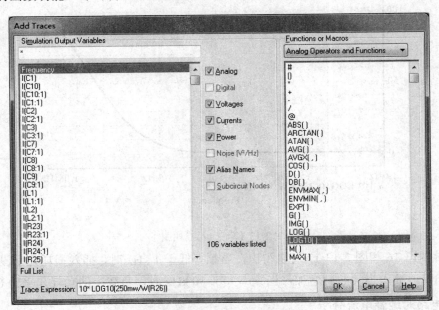

图 2-13-15　插入损耗设置图

进行仿真,得到插入滤波电路后的负载功率如图 2-13-16 所示。插入损耗结果如图图 2-13-17 所示。

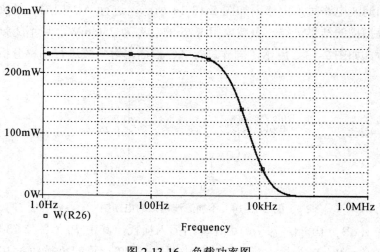

图 2-13-16 负载功率图

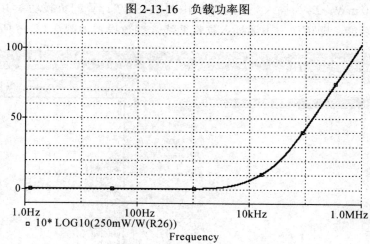

图 2-13-17 插入损耗图

由图 2-13-16 和图 2-13-17 可以得出,当频率低于 1 kHz 时,插入损耗几乎没有;当频率增加时,插入损耗急剧增加,当频率大于 50 kHz 时,负载上的功耗几乎为 0。

5. 电路对地漏电流分析

计算 EMI 滤波器对地漏电流的公式为:$I_{LD} = 2\pi f C V_c$。C 为 Y 电容之和,V_c 为电容两端的电压,即负载两端的电压,$V(R26:2) - V(R26:1)$。函数编辑公式如图 2-13-18 所示。

图 2-13-18　编辑理论漏电流计算公式

实际漏电流为 Y 电容上流经的电流,计算公式如图 2-13-19 所示。

图 2-13-19　编辑仿真漏电流计算公式

进行仿真,得到如图 2-13-20 所示结果。

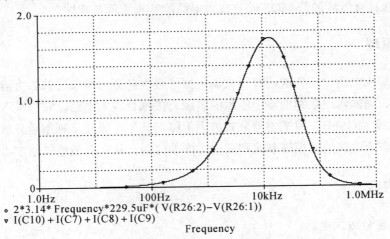

图 2-13-20　漏电流仿真值和理论值图形

从漏电流仿真值和理论值图形分析可得,对地漏电流的理论计算值和电流仿真值一致。在频率为 13 kHz 时,最大漏电流可达 1.7 A。

五、实验小结

在本次 EMI 滤波电路实验中,使用 PSpice 对电路进行分析,使用交流分析功能,分析了各电流随频率的变化;使用了瞬态分析功能,分析在不同干扰电源频率时,各电流波形的变化;使用 PSpice 的函数功能,计算 EMI 滤波电路的插入损耗和对地漏电流。上述功能的综合应用,完成了对 EMI 滤波电路的综合分析。

实验十四　差分放大电路的分析

一、实验目的

(1) 掌握对电路进行直流、交流分析的方法。
(2) 掌握具有恒流源的 MOS 差分放大电路的基本原理及特性。

二、实验原理

在模拟集成电路中，集成运算放大器占据了很大部分。集成运算放大器是一种具有高电压增益、高输入电阻和低输出电阻的多级直接耦合放大电路，它的输入级一般是由 BJT、JFET 或 MOSFET 组成的差分式放大电路，其工作原理是利用差分放大电路的对称性来提高整个电路的共模抑制比和其他方面的性能，从而有效地抑制零点漂移。

三、实验内容

1. 搭建差分放大电路

如图 2-14-1 所示，构建差分放大电路。

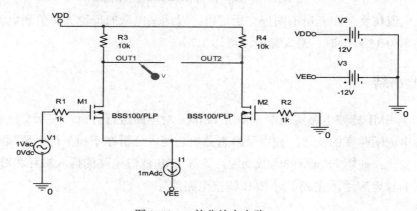

图 2-14-1　差分放大电路

2. 直流工作点分析

对电路进行直流工作点分析，通过观察差动放大器电路各节的电压、电流值，验证该差动放大器是否正常工作。

3. 直流扫描特性分析

对电压 V1 进行直流扫描分析，分析差分放大电路的输出电压 V(OUT1)和 V(OUT2)相对于输入电压 V1 的变化情况，分析其放大特征。

4. 交流小信号频率特性分析

对电路进行交流小信号分析，分析差分放大电路输出电压随频率的变化规律。

5. 温度特性分析

对电路进行温度特性分析，由于电阻阻值以及晶体管特性与温度的关系非常密切，因此温度变化必然引起电路特性的变化。分析在不同温度下，电路特性的变化情况。

四、实验步骤

(1) 搭建差分放大电路。图 2-14-1 是一个典型的差分放大电路，其中 M1 与 M2 是一对 NMOS 差分对管。I1 为恒流源，作用是充当有源负载。OUT1 和 OUT2 是电路的输出。选中器件，单击右键，选择"Edit PSpice Model"可以查看和修改器件的具体参数。上面的电路中使用的 NMOS 管型号为 BSS100/PLP，此处使用默认参数。

(2) 直流工作点分析。新建"Simulation Profile"，"Analysis type"选择"Bias Point"，参数设置如图 2-14-2 所示。

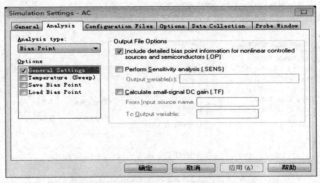

图 2-14-2　直流工作点仿真参数设置

运行 PSpice 后，单击工具按钮 ⓥ 和 ⓘ 图标，则电路图上相应的位置依次显示节点电压、支路电流。查看各个节点的直流工作电压、支路电流，如图 2-14-3 所示。

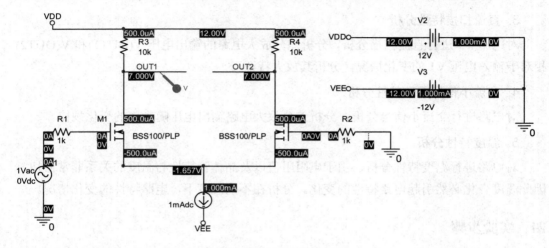

图 2-14-3　直流工作点

从直流工作点分析结果图中可以得出，此时电路处于正常工作状态。

(3) 直流扫描特性分析。对电路进行 DC 分析，参数设置如图 2-14-4 所示，使用 🖉 图标将探针分别放置在 OUT1、OUT2 位置进行仿真。

图 2-14-4　直流扫描特性仿真参数设置

进行仿真，得到如图 2-14-5 所示的直流扫描分析的输出波形。

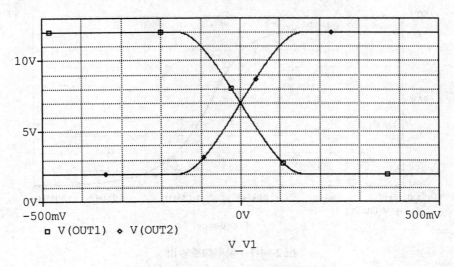

图 2-14-5　直流扫描分析输出波形

从图 2-14-5 可以看出，在 $-0.1\text{ V}\sim+0.1\text{ V}$ 之间，V(OUT2) − V(OUT1) 随着 V1 基本呈线性增加，表明此时电路有良好的线性放大特性。

(4) 交流小信号频率特性分析。分析差分放大电路输出电压随频率的变化规律，参数设置如图 2-14-6 所示。

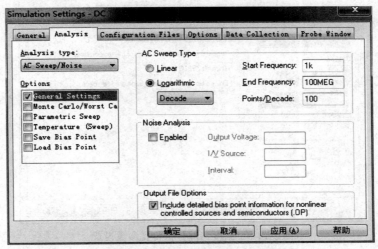

图 2-14-6　交流分析仿真参数设置

进行仿真，得到如图 2-14-7 所示的频率扫描输出图。

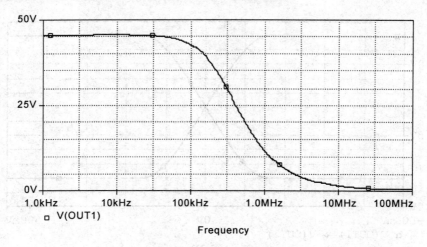

图 2-14-7　频率扫描输出

图 2-14-7 表示输出电压 V(OUT1)与频率之间的关系，根据图中显示可知，差分放大电路在低频下可以很好地实现放大功能，但在高频下却几乎没有放大功能。

(5) 温度特性分析。温度特性分析仿真参数设置如图 2-14-8 所示，本例中分析了 0、25、50、75、100(℃)五个温度下的交流频率响应温度特性。

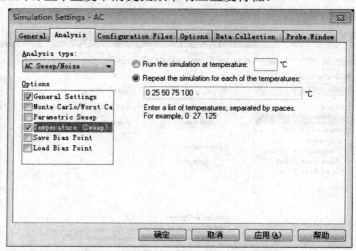

图 2-14-8　温度特性分析仿真参数设置

进行仿真，得到如图 2-14-9 所示的温度特性输出电压。

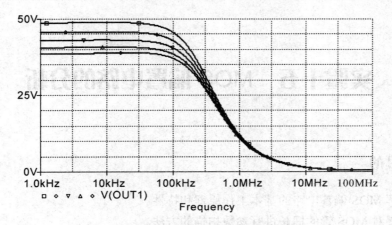

图 2-14-9 输出电压的变化情况

图 2-14-9 所示是在上述五个温度下,输出电压 V(OUT1)随频率的变化情况。可以看出随着温度的升高,相同频率下,输出电压明显降低,放大特性受损,所以在器件工作时应做好散热。

五、实验小结

通过本次实验,使读者熟练掌握使用 PSpice 对模拟电路进行分析的方法,包括直流扫描分析、交流小信号分析、温度分析等;掌握具有恒流源的 MOS 差分放大电路的基本原理和特性。

实验十五　MOS 偏置电路的分析

一、实验目的

(1) 了解 MOS 偏置电路的基本工作原理和特性。
(2) 掌握对 MOS 管的栅长进行参数扫描的方法。

二、实验原理

模拟电路中通常需要对晶体管施加静态偏置，以控制晶体管的工作状态。偏置电路可以通过电流镜实现，电流镜电路可以复制基准电流到需要偏置的地方。但是使用电流镜电路需要稳定的基准电流，直接通过电阻获得的基准电流对电源电压过于敏感，可以通过二极管接法的 MOS 管控制偏置电路，从而降低输出电流对电源电压的敏感性。

偏置电路提供直流电流，使用 PSpice 工具可以进行直流扫描分析，对不同的激励源进行多次仿真分析，还可以使用参数扫描、蒙特卡罗分析，对不同的参数值进行多次直流扫描分析，研究参数、元器件对电路功能的影响。

三、实验内容

1. 绘制电路图

按照要求，绘制如图 2-15-1 所示电路图，M1—M4 的栅长分别为 1 μm、4 μm、4 μm、4 μm。

2. 直流分析

对电路进行直流分析，计算电路的偏置点。

3. 参数扫描分析

对电路进行参数扫描分析，和图 2-15-2 所示的普通偏置电路对比，比较性能改变。

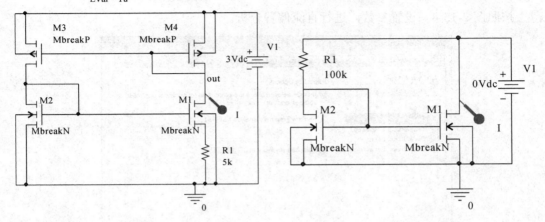

图 2-15-1 MOS 管控制偏置电路　　　　图 2-15-2 普通偏置电路

4. MOS 管栅长参数的扫描

电路输出电流还与各个 MOS 管的参数有关，可以对 MOS 管的栅长参数进行扫描仿真。

5. 蒙特卡罗分析

在普通电路中，电阻的变化会影响电路的性能。使用蒙特卡罗方法，分析由于电阻值的波动而导致的电路性能变化。

四、实验步骤

1. 绘制电路图

按照要求绘制电路图。其中 M1、M2 使用 pspice\breakout 库中的 MbreakN 模型，M3、M4 使用 BREAKOUT 库中的 MbreakP 模型。M1—M4 的栅长分别为 1 μm、4 μm、4 μm、4 μm，通过双击器件符号，更改属性列表中的 L 项设

	A
	⊞ SCHEMATIC1 : PAGE1
AD	
AS	
BiasValue Power	87.06e-24W
Color	Default
Designator	
Graphic	MbreakP.Normal
ID	
Implementation	MbreakP
Implementation Path	
Implementation Type	PSpice Model
L	4u
Location X-Coordinate	480
Location Y-Coordinate	220
M	
Name	INS7643
NRB	
NRD	
NRG	
NRS	
Part Reference	M4
PCB Footprint	

图 2-15-3 MOS 管参数设置图

置，如图 2-15-3 所示。

2. 直流偏置分析

按照图 2-15-4，设置参数，进行直流偏置分析。

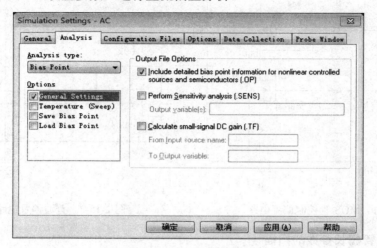

图 2-15-4　直流分析参数设置图

进行仿真，得到如图 2-15-5 所示的直流分析结果图。

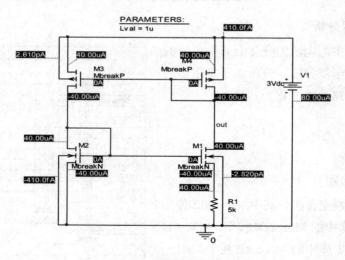

图 2-15-5　直流分析结果图

3. 参数扫描仿真

对电路进行参数扫描设置，详细设置如图 2-15-6 所示，"Sweep variable"选择电压源"V1","Sweep type"选项中,"Start value"设置为"2.5 V","End value"设置为"3.5 V","Increment"设置为"0.1 V"。

图 2-15-6　参数扫描设置

此处把电流探针放置在 out 节点,仿真结果如图 2-15-7 所示。

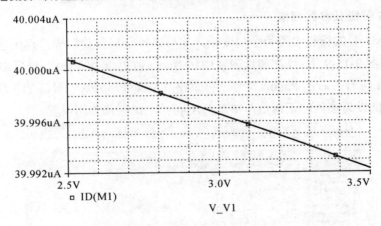

图 2-15-7　电压参数扫描结果

如图 2-15-7 所示,在电压上下波动 0.5 V 时,从 2.5 V 到 3.5 V,输出电流变化很小,从 40.001 μA 到 39.992 μA,波动为 0.009 μA,输出电流波动幅度约为 0.009/39.996 = 0.02%,基本可认为输出电流无变化,稳定性很好。

为了分析这种偏置电路对电源电压的敏感性,和图 2-15-2 所示的普通偏置电路进行比较。

对图 2-15-2 所示的电路进行仿真,得到如图 2-15-8 所示的电压参数扫描结果图。

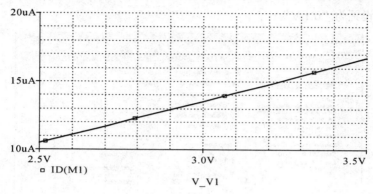

图 2-15-8 电压参数扫描结果

如图 2-15-8 所示,电压同样上下波动 0.5 V 时,输出电流波动幅度约为(17 − 10.5) / 13.6 = 48%。因此,可以得出结论,使用 MOS 管偏置的电路,能够有效地降低输出电流对电源电压的敏感性。

4. MOS 管栅长参数扫描

选择将 M1 管的栅长设置为全局变量,然后进行全局参数扫描。首先选中器件 M1,单击右键,如图 2-15-9 所示,在属性表格中将 Name 值更改为"Lval",然后添加 SPECIAL 库中的 Param 符号,右击 Param 符号,再单击"New Property"键添加一项属性,名称为"Lval",值设为参数的正常值,单击"Apply",保存并关闭设置。

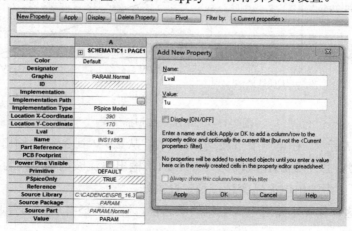

图 2-15-9 MOS 管参数扫描设置

如图 2-15-10 所示，在图 2-15-6 的"Options"栏勾选"Parametric Sweep"。右侧的详细设置中"Sweep variable"下选择"Global parameter"，"Parameter name"(参数名)为"Lval"，value 值从"0.9u"至"1.1u"，"Increment"（步长）为"40n"。

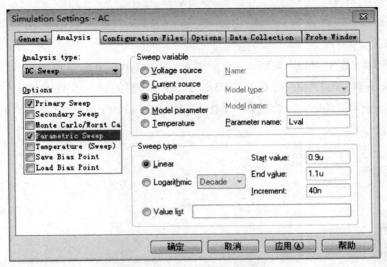

图 2-15-10 MOS 管参数扫描设置图

进行仿真，得到如图 2-15-11 所示的 MOS 管参数扫描结果图。

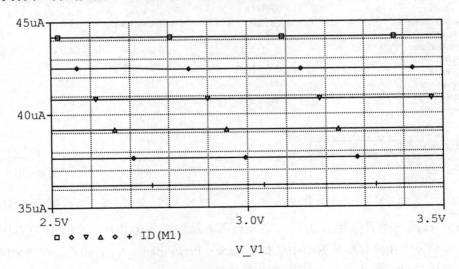

图 2-15-11 MOS 管参数扫描结果

如图 2-15-11 所示，仿真结果从上往下分别为 M1 栅长为 0.9 μm～1.1 μm 时的仿真数据，从实验结果可以看出，MOS 管栅长 0.1 μm 的偏差将引起输出电流约 4 μA 的波动。

5. 蒙特卡罗分析

(1) 设置电阻的容差值。双击电阻符号，在属性列表中将 TOLERANCE 更改为"10%"，如图 2-15-12 所示。

(2) 在仿真设置中，如图 2-15-13 所示，"Analysis type"下拉菜单中选择"DC Sweep"，下方的"Options"栏勾选"Monte Carlo/Worse Case"。右侧的详细设置中第一行勾选"Monte Carlo"，"Output variable"在此选择"I(R1)"。"Number of runs"设置为"400"，阻值分布为高斯分布。

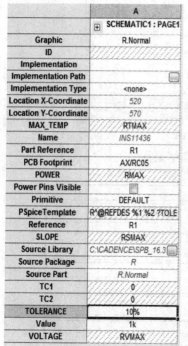
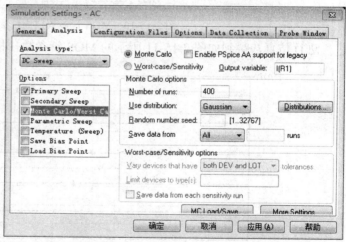

图 2-15-12　蒙特卡罗分析电阻参数设置　　图 2-15-13　蒙特卡罗分析仿真次数设置

(3) 按照这个设置运行仿真，完成后需要绘制关于输出电流的统计直方图，如图 2-15-14 所示。在仿真结果窗口中选择"Trace→Performance Analysis"，在弹出的窗口中单击"OK"键，将出现一个新的空白直方图坐标系。

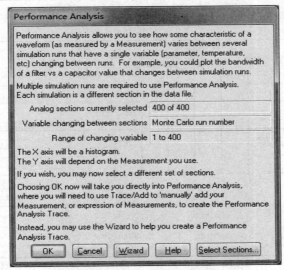

图 2-15-14 蒙特卡罗分析设置直方图

(4) 选择"Add Trace"。在电路参数固定的情况下，输出电流基本不随电源电压变化，因此可以选择一次运行中的最大值代表该次输出电流的值，如图 2-15-15 所示，以此绘制直方图。

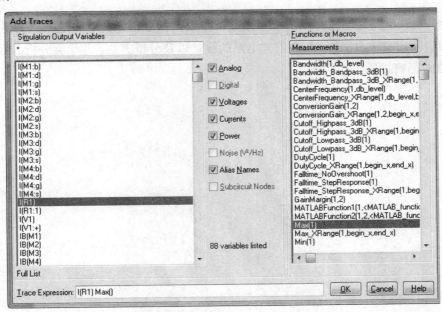

图 2-15-15 蒙特卡罗分析函数选取

· 143 ·

进行仿真,得到如图 2-15-16 所示的蒙特卡罗分析结果图。

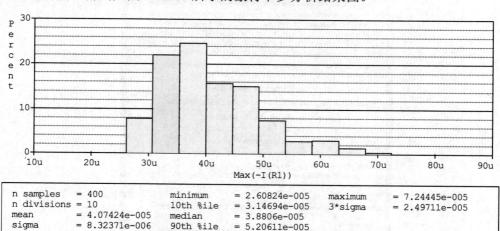

图 2-15-16　蒙特卡罗分析结果

由实验结果可知,输出电流严重受到电阻 R1 的阻值偏差的影响。

五、实验小结

MOS 偏置电路是一种常见的模拟电路,参数扫描更是分析电路性能的主要功能之一。本实验使读者学习掌握 MOS 偏置电路的设计以及分析方法,并学会分析 MOS 管栅长对电路的影响。

第三部分 综合仿真实验

综合实验一 音频放大器的仿真验证

一、实验原理

功率放大器的作用是给音频放大器的负载 R_L(扬声器)提供一定的输出功率。当负载一定时，希望输出的功率尽可能大，输出信号的非线性失真尽可能小，效率尽可能高。音频放大器的目的是以要求的音量和功率在发声输出元件上重新产生真实、高效和低失真的输入音频信号。音频频率范围约为 20 Hz～20 kHz，因此放大器必须在此频率范围内具有良好的频率响应。本电路中用一个正弦波来模拟音频输入，输入正弦波幅度= 200 mV，负载电阻 = 8 Ω，要求最大输出不失真功率 P_o≥2 W，功率放大器的频带宽度 BW≥50 kHz，在最大输出功率下非线性失真系数 r≤3%。

驱动级使用运算放大器 uA741 来驱动互补输出级功放电路，功率输出级由双电源供电的 OCL 互补对称功放电路构成。为了克服交越失真，由电阻构成输出级的偏置电路，以使输出级工作处于甲乙类状态。为了稳定工作状态和功率增益并减小失真，电路中引入电压串联负反馈。本电路是一个 OCL 功率放大器，该放大器采用复合管无输出耦合电容，并采用正负两组双电源供电。

本实验搭建电路图，利用 PSpice 对电路进行模拟与仿真分析，并分别对电路的直流工作点(Bias Point Detail)、交流小信号频率特性(AC Sweep)、噪声特性(Noise)、瞬态响应(Transient Analysis)、温度特性分析(Temperature Analysis)、参数扫描(Parametric Analysis)、蒙特卡罗分析(Monte-Carlo)等电路特性进行了仿真。

音频功放具有以下特点：

(1) 输出功率足够大。为获得足够大的输出功率，功放管的电压和电流变化范围应很大。

(2) 效率要高。功率放大器的效率是指负载上得到的信号功率与电源供给的直流功率之比。

(3) 非线性失真要小。功率放大器是在大信号状态下工作的,电压、电流摆动幅度很大,极易超出管子特性曲线的线性范围而进入非线性区,从而造成输出波形的非线性失真,因此,功率放大器比小信号的电压放大器的非线性失真问题更严重。

本实验所使用的音频功率放大器电路包含一个模拟的信号源产生电路、uA741 运放电路和由双电源供电的一个互补的射极跟随器功放电路,如图 3-1-1 所示。

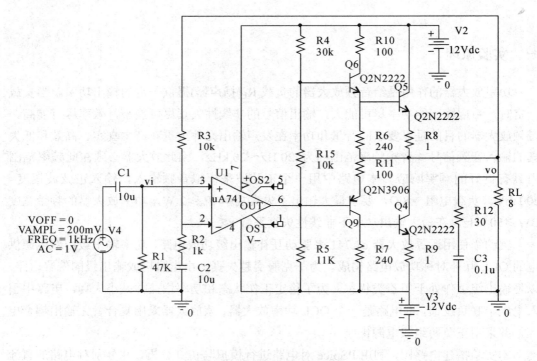

图 3-1-1　音频功放的电路图

uA741 运算放大器后面连接的是互补的射极跟随器电路,其目的是在尽量不改变输出信号的情况下减小噪声信号,并且克服交越失真。运放为驱动级,晶体管 Q5-Q6 组成复合式对称电路。R6、R7 用于减小复合管的穿透电流,从而提高电路的稳定性,一般为几十欧姆到几百欧姆。R8、R9 为负反馈电路,可以改善功放的性能,一般为几欧姆。R10、R11 称为平衡电阻,使 Q9、Q6 的输出对称,一般为几十欧姆至几百欧姆。R12、C3 称为消振网络(即一个低通滤波器),可改善负载为扬声器时的高频特性。因扬声器呈感性,易引起高频自激,因此该容性网络并入可使等效负载呈阻性。此外,感性负载易产生瞬时过压，有可能损坏晶体三极管 Q5、Q4。R12、C3 取值视扬声器的频率响应而定，以效果最佳为好，R12 一般为几十欧姆，C3 为几千 pF 至 0.1 μF。

三极管 Q6、Q5 为相同类型的 NPN 管，所组成的复合管仍为 NPN 型。Q9、Q4 为不同类型的晶体管，所组成的复合管的导电极性由第一支管决定，即为 PNP 型。R4、R15、R5 所组成的支路是两对复合管的基极偏置电路，静态时支路的电流为 I_6。

其中的 uA741 运算放大器的内部电路结构如图 3-1-2 所示，该运放的典型增益为 200，增益带宽积为 1 MHz。

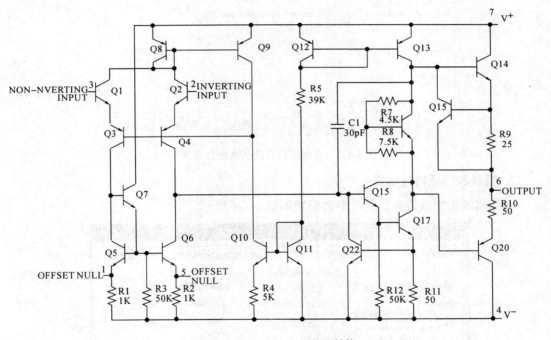

图 3-1-2　uA741 内部电路结构

二、实验内容与步骤

本实验用 OrCAD/Capture 软件搭建音频放大电路，通过仿真观察输出波形；扫描特定参数，观察其对电路波形的影响；对所搭建的音频放大电路的性能进行评估，根据参数扫描的结果进行性能优化。本实验的具体步骤如下：

1. 直流工作点仿真

进行直流工作点仿真,参数设置如图 3-1-3 所示。

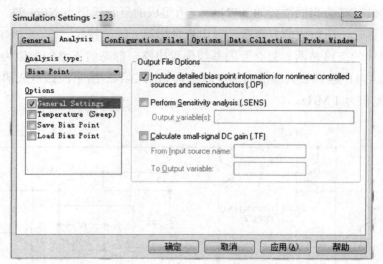

图 3-1-3 直流工作点的仿真参数设置

2. 幅频和相频特性仿真

进行幅频和相频特性仿真,参数设置如图 3-1-4 所示。

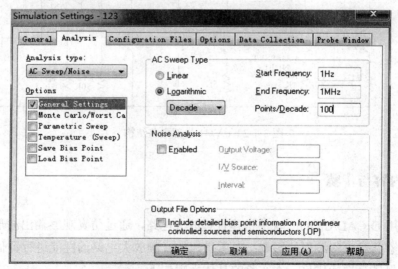

图 3-1-4 幅频和相频特性仿真参数设置

3. 参数扫描分析

对电阻 R1、R2、R3 分别进行参数扫描分析，分析电阻变化对电路性能的影响。对电阻 R1 进行参数扫描分析，参数设置如图 3-1-5 所示。

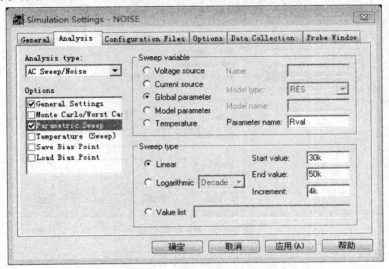

图 3-1-5　R1 参数设置

对电阻 R2 进行参数扫描分析，参数设置如图 3-1-6 所示。

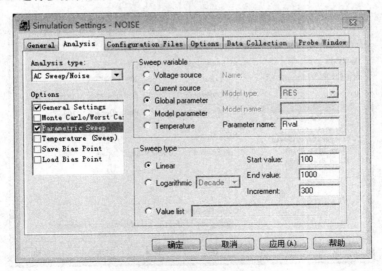

图 3-1-6　R2 参数设置

对电阻 R3 进行参数扫描分析，参数设置如图 3-1-7 所示。

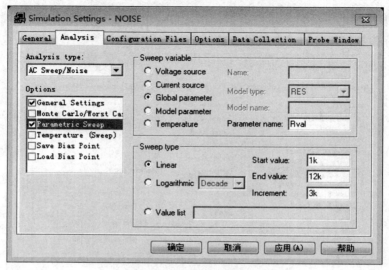

图 3-1-7 R3 参数设置

4. 噪声分析

噪声是此电路需要关注的重要特性，因此我们对此电路进行噪声分析，参数设置如图 3-1-8 所示。

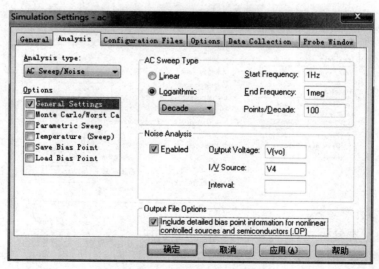

图 3-1-8 噪声分析参数设置

5. 温度特性分析

分析在不同的温度条件下，电路交流性能的变化参数设置如图 3-1-9 所示。

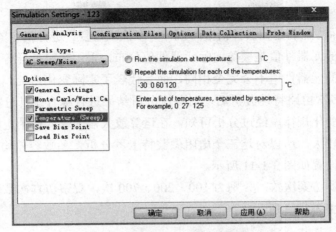

图 3-1-9　温度特性参数设置

6. 瞬态分析

分析电路的瞬态特性参数设置如图 3-1-10 所示。

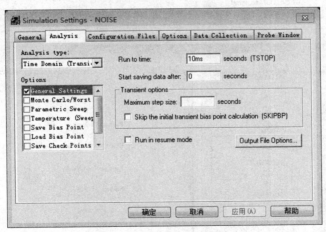

图 3-1-10　瞬态分析参数设置

7. 蒙特卡罗分析

1) 蒙特卡罗分析

完成电路设计后，可以确定每个元器件的设计值或标称值。但在实际生产中，对应于设计图上的每一个元器件必然具有一定容差。这样生产的一批电路的电特性就不可能与标称值模拟的结果完全相同,而是呈现一定的分散性。

2) 蒙特卡罗分析过程

(1) 根据实际情况确定元器件值分布规律。多次"重复"进行指定的电路特性分析,每次分析时采用的元器件值是模仿实际元器件值分布,采用随机抽样方法确定的,这样每次分析时采用的元器件值不会完全相同,而是代表了实际变化情况。

(2) 完成了多次电路特性分析后,对各次分析结果进行综合统计分析,就可以得到电路特性的分散变化规律。经过分析可知,在运算放大器的输入端的电阻 R1、R2、R3 对电路增益影响较大,所以对这三个电阻做蒙特卡罗分析,参数容差均设为 5%的高斯分布。参数容差设置如图 3-1-11 所示。

设置蒙特卡罗仿真次数,分别为 100、200、700 次,观察仿真次数对统计结果的影响,参数设置如图 3-1-12 所示。

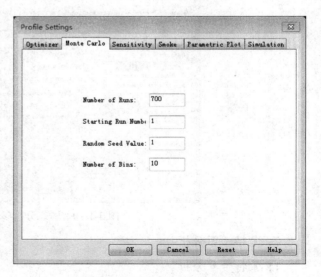

图 3-1-11 参数容差设置   图 3-1-12 蒙特卡罗分析参数设置

三、实验结果与分析

1. 直流工作点仿真结果

完成直流工作点分析后,PSpice 将结果自动保存在 OUT 输出文件中。存入 OUT 中的直流工作点包括各节点电压、流过各个电压源的电流、功耗,以及所有非线性受控源和半导体器件的小信号参数。图 3-1-13 显示了电路图中各个器件的直流工作点的信息。

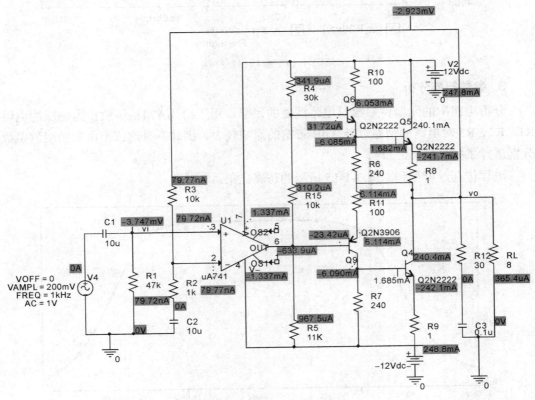

图 3-1-13 电路图中的直流工作点

2. 交流工作点仿真结果

图 3-1-14 所示是交流特性分析的仿真结果。可以看到,增益会随着输入电压频率的改变而改变,在极低频和高频下,增益接近零。但是在所需要的音频范围内(20 Hz~20 kHz),电路的增益保持在 12 左右,能够满足音频放大器对输入信号的放大作用。

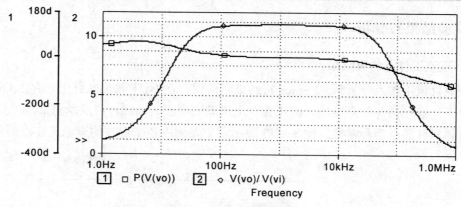

图 3-1-14 幅频相频特性

3. 参数扫描分析

分析电路中的元器件参数对电路性能的影响，用于给 μA741 运放作为偏压的电阻 R1、R2、R3 对电路的增益以及 3 dB 带宽的影响较大。因此，对这三个电阻的阻值参数分别进行了扫描分析。

进行仿真，可得到如图 3-1-15 所示的仿真结果。

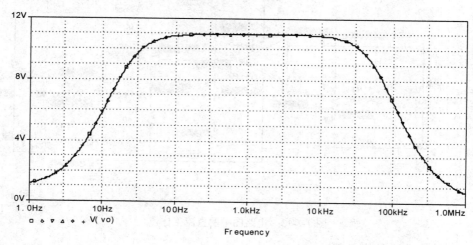

图 3-1-15 R1 参数扫描

如图 3-1-15 所示，电阻 R1 的阻值从 30 k 到 50 k 变化，从图中可以看出，R1 的大小对增益以及带宽的影响很小，因此，在优化电路的性能中可以不考虑 R1。

如图 3-1-16 所示，电阻 R2 的阻值从 100 到 1 k，由图可以看出随着阻值的增大，增益下降,但 3 dB 带宽却增大,因此,可以通过改变 R2 的大小及调节带宽和增益的大小来满足设计要求。

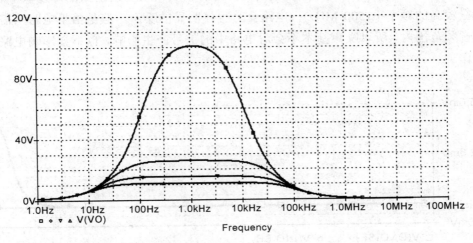

图 3-1-16　R2 参数扫描

如图 3-1-17 所示,电阻 R3 的变化范围是 1 k~12 k,很明显可以看出,随着电阻增大,增益增大,而带宽有些许降低,它对电路的影响正好与 R2 相反,因此也可以通过改变 R3 的阻值来调节电路。同时,改变阻值可能对电路其他的参数有一定的影响。所以,应根据实际应用来选择合适的阻值。

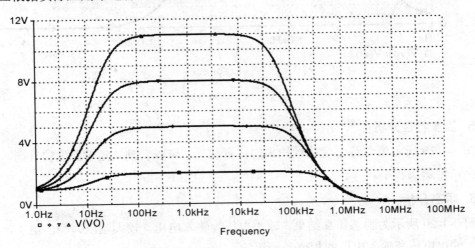

图 3-1-17　R3 参数扫描

4. 噪声分析

对电路在不同频率下有可能产生的噪声进行仿真,仿真结果如图 3-1-18 所示,只有在较高的频率下(500 MHz),电路会产生较明显的噪声,但是由于电路只需要工作在音频范围内,所以噪声基本不会对电路中的信号产生影响,也不会影响电路的正常工作。

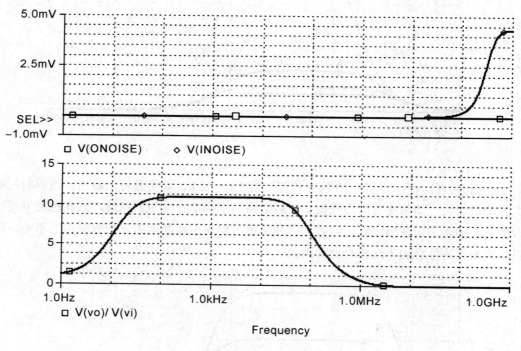

图 3-1-18 噪声分析

5. 温度特性分析

图 3-1-19 所示为电路温度特性扫描的仿真结果。可以看到,随着温度的升高,带宽在减小,但影响较小。

6. 瞬态分析

图 3-1-20 所示为瞬态仿真结果。较小电压为输入电压,较大电压为输出电压,可以看到,输出电压和输入电压的相位是一致的。

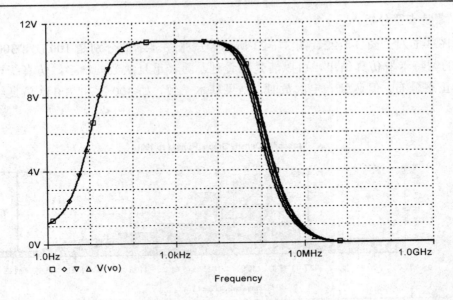

图 3-1-19 温度扫描分析图

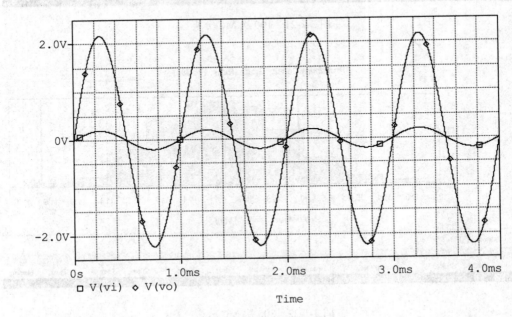

图 3-1-20 瞬态仿真结果

7. 蒙特卡罗分析

如图 3-1-21、图 3-1-22、图 3-1-23 所示，三张图显示的分别是 100 次、300 次和 700 次的蒙特卡罗仿真结果，可以清楚地看到，随着重复次数的增多，仿真统计结果更接近正态分布，但达到一定次数时，结果基本一致，如 300 次和 700 次仿真结果基本一致。

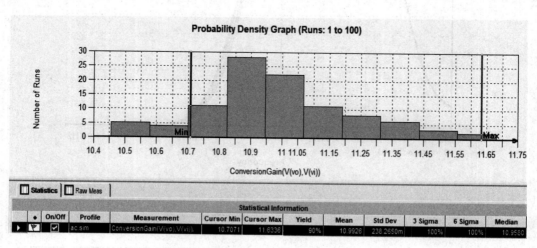

图 3-1-21 100 次 MC 分析

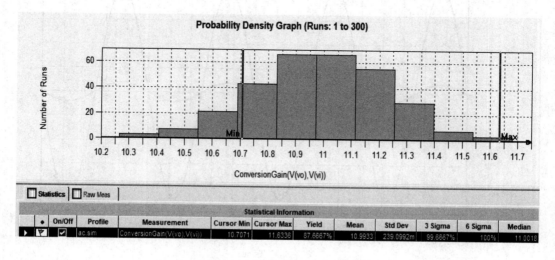

图 3-1-22 300 次 MC 分析

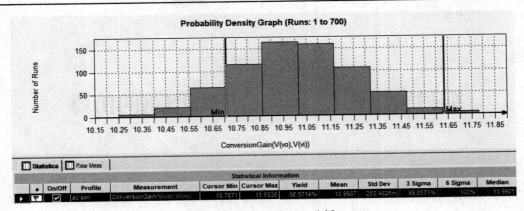

图 3-1-23 700 次 MC 分析

从仿真结果可以看到，R1、R2、R3 阻值参数的容差会使增益变大或减小，显然不希望增益下降到 10 以下，所以必须将阻值容差被控制在一定的范围内。

四、实验小结

本实验通过利用 OrCAD 搭建音频放大器的电路，并完成对电路的直流工作点仿真、直流和交流以及瞬态仿真；同时进行参数扫描分析，可以清楚地观察元器件的参数对电路性能的影响；最后进行蒙特卡罗分析，观察在一定的容差范围内元器件的参数波动对电路性能的影响。

综合实验二　DC/DC 电源电路的仿真

一、实验原理

DC/DC 电源电路又称为 DC/DC 转换电路，其主要功能就是进行输入输出电压的转换。常见的电源主要分为车载与通信系列和通用工业与消费系列，前者使用的电源电压一般为 48 V、36 V、24 V 等，后者使用的电源电压一般在 24 V 以下。在通信系统中，将之称为二次电源，先由一次电源或者直流电池组提供一个直流输入电压，经 DC/DC 变换以后，在输出端获取一个或几个直流电压。

1. 常见电源电路

常见的电源电路有开关电源电路、稳压电源电路、稳流电源电路、功率电源电路、逆变电源电路、DC/DC 电源电路、保护电源电路等。

2. 常见的 DC/DC 电源电路以及反激电路和正激电路

1) DC/DC 电源电路

DC/DC 电源电路又称为 DC/DC 转换电路。DC/DC 电源电路中的 DC/DC 转换器使输入电压转变后有效地输出固定电压。DC/DC 转换器分为三类：升压型 DC/DC 转换器、降压型 DC/DC 转换器以及升降压型 DC/DC 转换器。根据需求可采用三类控制：PWM(脉冲宽度调制)控制型，效率高并且具有良好的输出电压纹波和噪声；PFM(脉冲频率调制)控制型，适于长时间使用，尤其小负载时具有耗电小的优点；PWM/PFM 转换型，小负载时实行 PFM 控制，在重负载时自动转换到 PWM 控制。

2) 反激电路

典型反激电路如图 3-2-1 所示，原边导通则副边不导通，原边关断则副边导通。

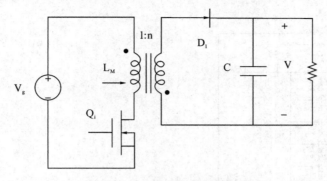

图 3-2-1　反激电路基本原理图

开关电源中 70% 是反激拓扑的开关电路，但反激拓扑也有不足之处：反激不需要输出电感，全靠输出电容滤波，当输出电流较大时，所需的输出电容也要求非常大。

3) 正激电路

典型正激电路如图 3-2-2 所示，正激在原边加正向电压且 MOS 管导通时，副边的输出符合变压器原理。当 MOS 关闭时，电感提供电流，通过续流二极管形成回路，继续提供电压。在电流比较大时，续流二极管上流过的电流极大，造成续流二极管功耗非常大。

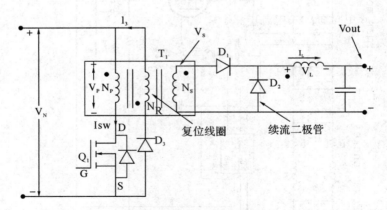

图 3-2-2　正激电路基本原理图

3. 本实验的 DC/DC 电路

本实验的 DC/DC 电路如图 3-2-3 所示。对电路的结构进行分析，并对输入输出电压和电流、电感和变压器电压电流、MOS 管电压电流进行对比和分析。

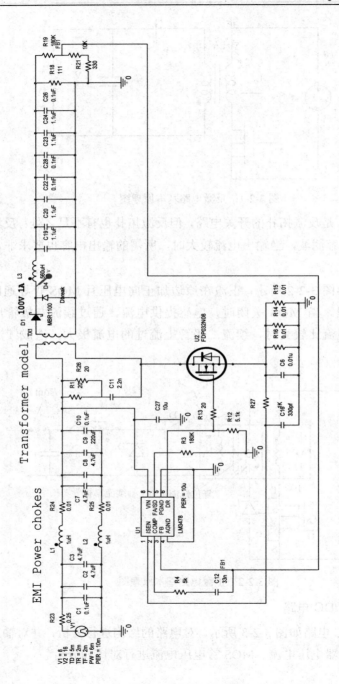

图 3-2-3 DC/DC 电路原理图

本电路中，芯片 LM3478 的引脚功能如下：

① ISEN：电流感应输入引脚。通过外部感测电阻器产生的电压被馈入该引脚。

② COMP：补偿引脚。连接到该引脚的电阻器、电容器组合为控制回路提供补偿。

③ FB：反馈引脚。应该使用电阻分压器来调整输出电压，以便在该引脚处提供 1.26 V。

④ AGND：模拟接地引脚。

⑤ PGND：功率接地引脚。

⑥ DR：驱动引脚。外部 MOSFET 的栅极应该连接到这个引脚。

⑦ FA/SD：频率调节和关闭引脚。为连接到该引脚的电阻器设置振荡器频率。如果该管脚的高电平延续时间超过 30 μs，则该设备将关闭，只从电源中抽取小于 10 μA 的电流。

⑧ VIN：电压输入端。

二、实验内容与步骤

1. 电路结构分析

如图 3-2-3 所示，该电路的主要结构可分为 EMI 滤波电路、变压器、正激拓扑、反馈电路、MOSFET 管。

首先，EMI 滤波电路对电压源进行滤波，输入电压为电阻 R1 的高位电压；变压器用于升压，变压器的磁心可设置为理想磁心和非理想磁心；反馈电路通过控制栅极偏压来控制 MOS 管的导通关断，进而控制变压器的导通和关断。正激拓扑电路中，在原边加正向电压且 MOS 管导通时，副边的输出符合变压器原理。当 MOS 关闭时，电感提供电流，通过续流二极管形成回路，继续提供电压，从而达到提供稳定输出电压的目的。

2. 时域分析

对电路进行时域分析，观察各节点的电压电流的波形变化，完成电路功能的分析。如图 3-2-4 所示，对电路进行时域分析，参数设置如下："Run to time"(时间设置)为"20ms"，

"Maximum step size"(最大步进)值为"0.01ms"。

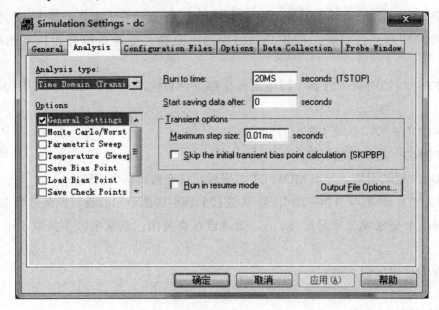

图 3-2-4　时域分析参数设置

3. 电路的占空比分析

占空比是指在一个脉冲循环内,通电时间相对于总时间所占的比例。占空比越大,所能得到的输出电压越大。

使用如图 3-2-5 所示的函数 DutyCycle_XRange(1,begin_x,end_x)计算占空比。括号中第一项填选中的波形曲线,begin_x、end_x 两项填写大于一个脉冲周期的时间,即可以得到在此范围内的第一个脉冲的占空比。

4. 电路的波纹电压分析

直流电压本来应该是一个固定的值,但是很多时候它是通过交流电压整流、滤波后得来的。由于滤波不干净,因此就会有剩余的交流成分,即使是用电池供电也会因负载的波动而产生波纹。事实上,即便是最好的基准电压源器件,其输出电压也是有波纹的。狭义上的波纹电压,是指输出直流电压中含有的工频交流成分。放大输出电压,得到输出电压的波纹图形。

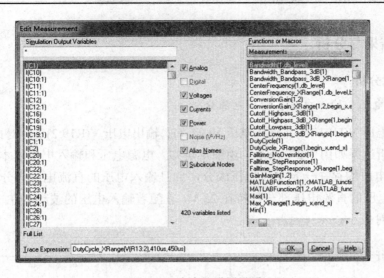

图 3-2-5 占空比设置界面

5. 温度分析

温度的变化，会影响到整个电路的性能变化。进行温度扫描，观察输出电压的变化。温度设置为"-20 0 20 40 80 100"(℃)，进行温度扫描分析，参数设置如图 3-2-6 所示。在瞬态分析参数设置中设置在 8 ms 后保存数据，运行到 10 ms。

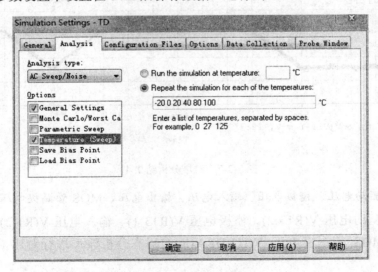

图 3-2-6 温度扫描参数设置

三、实验结果与分析

1. 时域分析

1) 电源电压、输入电压、输出电压分析

对电源电压 V(UI:VIN)、输入电压 V(V1:+)、输出电压 V(R19:2)进行对比分析。

时域分析结果如图 3-2-7 所示,由图形可知,电源电压和输入电压基本重合,输入电压和输出电压均存在一定交流电压成分,并且输入电压的直流电压成分和电源电压一致,输出电压的直流电压部分保持在 23 V,且随着输入电压的波动存在一定的波动,但波动值相对极小。

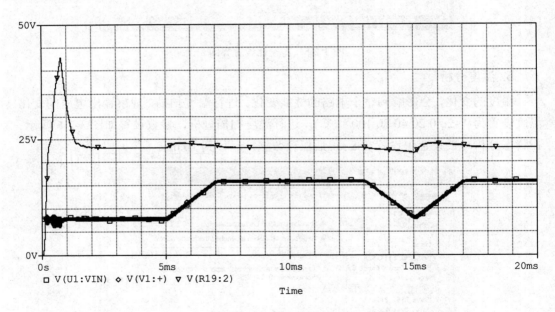

图 3-2-7 时域分析结果 1

2) 芯片驱动电压、栅极电压、输入电压、输出电压、MOS 管漏极电压分析

将芯片驱动电压 V(R13:2)、栅极电压 V(R13:1)、输入电压 V(R1:2)、输出电压 V(R18:2)、MOS 管漏极电压 V(U2:DRAIN)的瞬态分析波形进行对比,如图 3-2-8 所示。

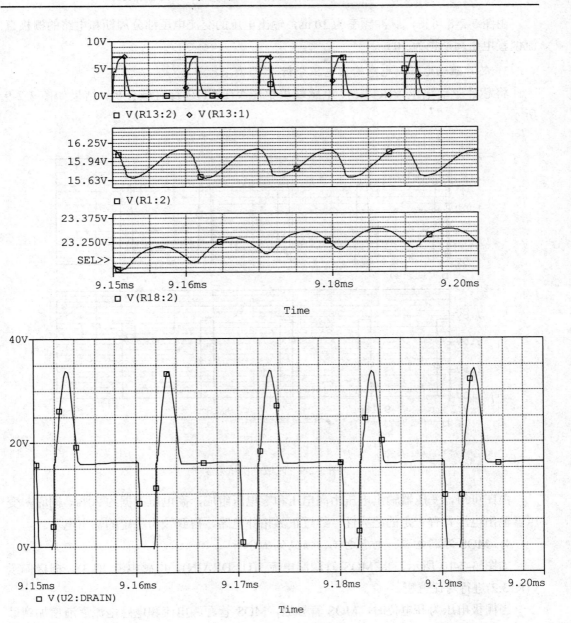

图 3-2-8 时域分析结果 2

由图 3-2-8 可得，脉冲频率为 10 ns，输出电压的交流电压部分周期和电路的栅极直流偏置电压周期也为 10 ns。

3) 芯片驱动电压、电感输出电压分析

将芯片驱动电压 V(R13:2)、电感输出电压 V(L3:1)进行时域分析，结果如图 3-2-9 所示。

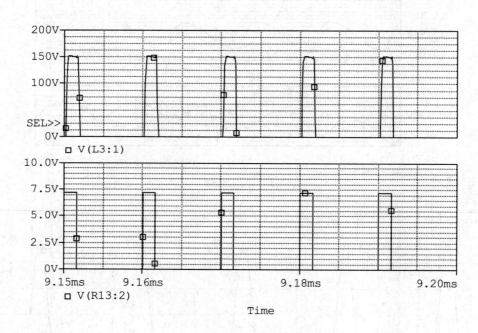

图 3-2-9　时域分析结果 3

由图可得，变压器输出电压由高电压和零电压组成，高电压占据约 20%。同时，变压器输出电压具有一定的趋势性，经过正激拓扑电路，得到较为稳定的输出电压。

4) MOS 源漏电流、电感电流、栅极偏压分析

如图 3-2-10 所示，将 MOS 管源漏电流 I(U2:DRAIN)、电感电流 I(L3)、栅极偏压 V(R13:2)进行对比分析。

当栅极电压为高电位时，MOS 管导通，MOS 管源漏电流和电感电流逐渐增加到最大值；当栅极电压为零电位时，MOS 管关闭，MOS 管源漏电流突变为零，但电感电流无法突变，而是逐渐减小到最小值，对应的电感输出电压也呈现类似的变化。

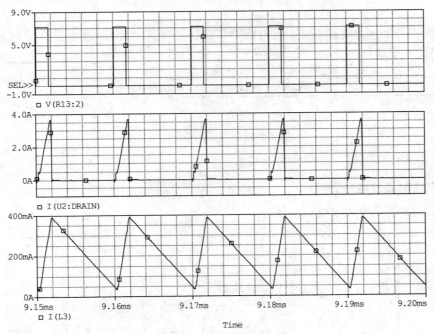

图 3-2-10 时域分析结果 4

2. 电路的占空比分析

进行仿真,得到如图 3-2-11、图 3-2-12 所示的结果。

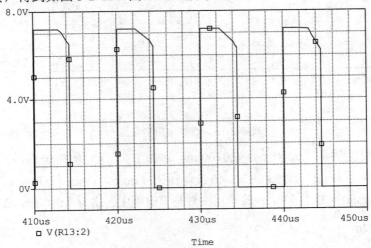

图 3-2-11 驱动电压波形

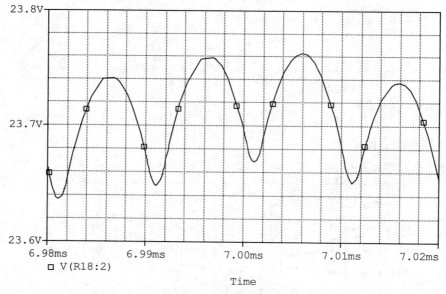

图 3-2-12 占空比输出结果

通过公式计算可得,占空比为 0.428。

3. 电路的波纹电压分析

图 3-2-13 所示为波纹电压的图形。

图 3-2-13 波纹电压测量图

选中一个交流周期 7.0000 ms～7.0100 ms,单击 图标,测得电压最大值 $V\text{max}$ 为:23.763 V,最小值 $V\text{min}$ 为 23.669 V,波纹电压为 $V\text{max} - V\text{min} = 0.094$ V,直流电压为 $0.5 \times (V\text{max} + V\text{min}) = 23.716$ V,波纹电压振幅与直流电压之比为 $0.5 \times 0.094/23.716 = 0.2\%$。

4. 温度分析

进行仿真,得到如图 3-2-14 所示电压波形。从图 3-2-14 可以看出,温度的变化会导致输出电压的变化。但电压最大变化约为(23.5 V–23 V)/23.2 V=2%,从而证明电路可以在较大的温度范围内正常工作。

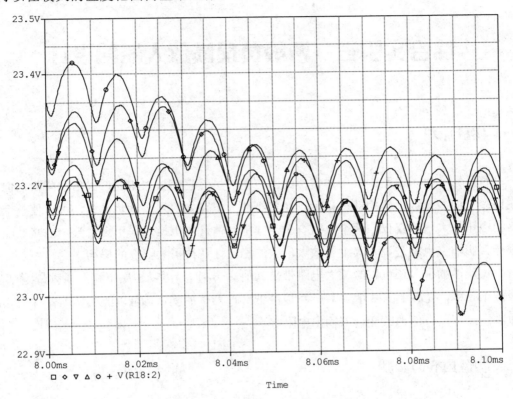

图 3-2-14 输出电压随温度变化图

四、实验小结

　　DC/DC 电源电路又称为 DC/DC 转换电路,其主要功能就是进行输入输出电压的转换。经 DC/DC 变换以后,在输出端获取一个或几个直流电压。本次实验中,使用时域分析功能分析了电流电压在每一个脉冲周期内的变化;使用函数功能,计算脉冲电压的占空比;使用波形测试功能,计算波纹电压;使用温度扫描功能,分析电路随温度升高的工作性能。应用上述各种功能,全面分析了该 DC/DC 电源电路的性能。

综合实验三 两级负反馈放大器的设计

一、实验原理

负反馈在电子电路中有着非常广泛的应用，虽然它使放大器的放大倍数降低，但能在许多方面改善放大器的动态指标。在多级放大电路中引入深度负反馈，可以使整个电路的电压放大倍数仅仅与两个电阻有关，其中晶体管的更换几乎不会给整个电路性能带来什么影响。也就是说，其电压放大倍数的稳定性获得了大幅度的提高。

负反馈的引入还可以给放大电路带来其他影响，比如可以扩展电路的通频带(降低下限截止频率，提高上限截止频率)，可以降低环内器件的噪声，可以改善环内器件引起的非线性，可以方便地改变输入输出电阻等。

二、实验内容与步骤

本实验以较常见的两级负反馈放大电路为例，简略介绍用 PSpice 仿真工作状态的一般步骤。

本实验的具体步骤如下：
(1) 绘制两级负反馈放大电路。
(2) 对电路进行直流工作点分析，查看电路各节点直流工作点情况。
(3) 进行 Time Domain(时域)分析，参数设置如图 3-3-1 所示。调用 VSIN 电压源，设置交流电压为 5 mV，频率为 1 kHz，从输出波形分析计算出系统放大增益 Av。
(4) 进行交流分析，参数设置如图 3-3-2 所示，得到输出波形并分析。
(5) 在相频特性曲线的基础上，分析输入阻抗频率特性。

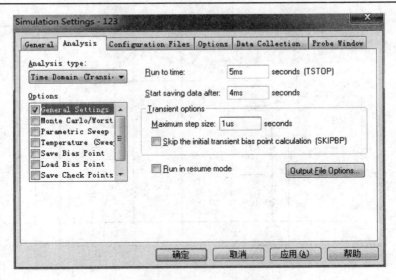

图 3-3-1 时域分析参数设置

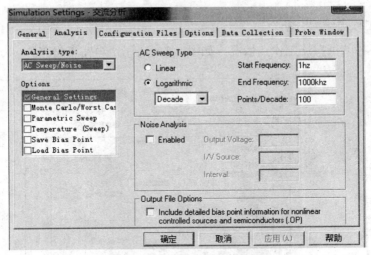

图 3-3-2 交流分析参数设置

三、实验结果与分析

1. 实验原理图绘制

绘制如图 3-3-3 所示的电路图。

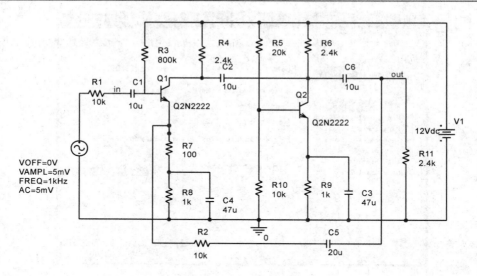

图 3-3-3 电路原理图

2. 直流工作点结果分析

查看电路各节点直流工作点情况，如图 3-3-4 所示，电路正常工作。

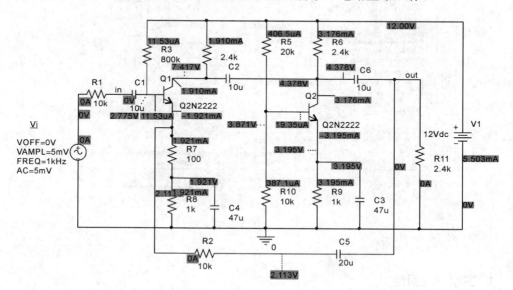

图 3-3-4 各节点直流工作点情况

3. 时域仿真结果分析

(1) 测量输入输出波形峰峰值。执行"PSpice/Run"命令，屏幕上出现 PSpice 仿真分析窗口，调用测量函数可以从波形上分别计算输入信号波形和输出信号波形峰峰值，如图 3-3-5(a)和图 3-3-5(b)所示。

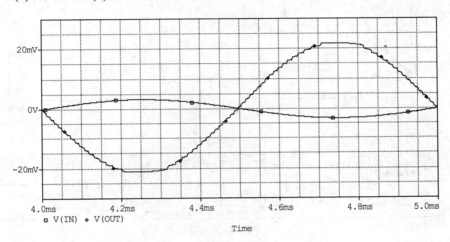

(a) 时域分析曲线

(b) 特征函数测量结果

图 3-3-5 瞬态仿真结果

(2) 计算输出峰峰值以及系统增益。输出波形峰峰值 V(out)pp 与输入波形峰峰值 V(in)pp 相除，得到系统放大增益 Av = V(OUT)pp/V(IN)pp = 42.943 mV / 6.478 mV = 6.630。

4. 交流特性结果分析

运行仿真分析程序：执行"PSpice→Run"命令，屏幕上出现 PSpice 仿真分析窗口；系统幅频特性分析：执行"Trace→Add Trace"命令，在"Add Traces"对话窗口，"Trace Expression"栏填写"DB(V(out)/V(in))"，DB( )为幅度函数，单击"OK"按钮，得到增益的频率特性曲线，如图 3-3-6(a)所示，再调用测量函数，得到最大增益为 16.5 dB，带宽为 203 kHz，如图 3-3-6(b)所示。

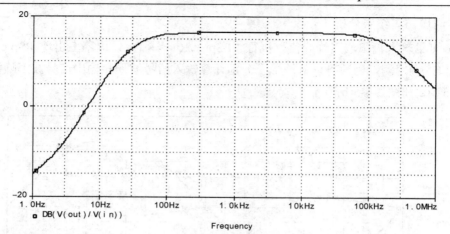

(a) 交流分析曲线

Measurement Results		
Evaluate	Measurement	Value
✓	Max(DB(V(out)/V(in)))	16.49854
✓	Bandwidth_Bandpass_3dB(V(out)/V(in))	202.95708k
	Click here to evaluate a new measurement...	

(b) 测量函数测量结果

图 3-3-6 交流特性结果

5. 输入阻抗频率特性

交流分析后执行"Trace→Add Trace"命令，在"Add Traces"对话窗口，"Trace Expression"栏填写"V［Vi:+］/I［Vi］"，激励源电压与电流之比即为放大器系统输入阻抗 Ri，然后单击"OK"按钮，结果如图 3-3-7 所示。

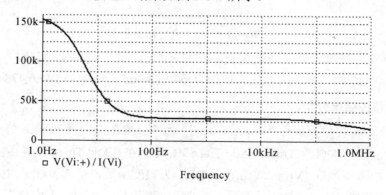

图 3-3-7 输入阻抗频率特性

四、实验小结

本实验通过模拟两级负反馈放大电路,以及对两级负反馈放大器的工作原理的分析,让读者初步了解放大电路中的负反馈机制,并且学会测量以及分析负反馈放大电路的增益、输入阻抗等重要的特征参数。

综合实验四 Cascode 电路的优化设计

一、实验原理

Cascode 电路是一种组合放大电路,分为以下两种方式:
(1) 双极型晶体管作为有源器件时,采用共射-共基组合方式。
(2) 场效应晶体管作为有源器件时,采用共源-共栅组合方式。
双极型晶体管组成的基本放大电路共有三种连接方式:
(1) 共射电路,具有较高的电压放大倍数,但高频响应较差,通频带窄。
(2) 共基电路,高频响应较好,但信号放大能力较差。
(3) 共集电路,有较宽的通频带,但无电压放大能力。
共射-共基组合放大电路组成的 Cascode 电路具有较大的输入电阻、较小的输出电阻,电压增益高,最突出的特点是高频响应好,通频带宽,因而获得广泛的应用。

二、实验内容与步骤

本实验对 Cascode 电路进行电路优化设计,完成以下性能指标:放大倍数 = 100 ± 3%;带宽 = 10 MHz ± 3%。

具体实验步骤如下:
(1) 绘制 Cascode 电路原理图。
(2) 对 Cascode 电路设置时域分析参数并进行时域分析,参数设置如图 3-4-1 所示。
(3) 对 Cascode 电路进行频域分析,参数设置如图 3-4-2 所示。
(4) 对 Cascode 电路进行灵敏度分析。将电阻电容的容差均设置为 10%,分析的电路特性设置如图 3-4-3 所示,分析得出灵敏器件。

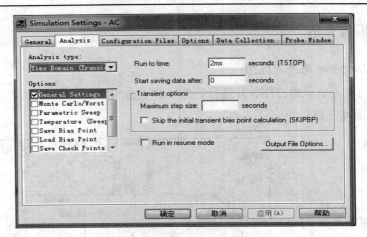

图 3-4-1　时域分析参数设置

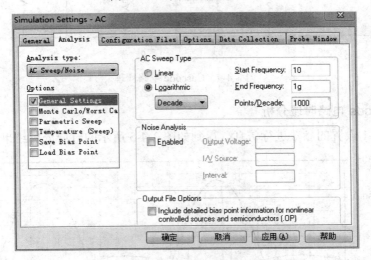

图 3-4-2　频域分析参数设置

♦	On/Off	Profile	Measurement
▽	✓	ac.sim	Max(V(OUT))
▽	✓	ac.sim	Bandwidth(V(OUT),3)

图 3-4-3　灵敏度分析指标设置

(5) 对灵敏度高的元器件进行优化分析。

(6) 将元器件参数更改为优化后的值，分布类型设置为高斯分布，进行蒙特卡罗分析，次数设定为"400"。

三、实验结果与分析

1. 绘制 Cascode 电路原理图

绘制如图 3-4-4 所示电路图,并进行直流工作点分析。图 3-4-4 同时显示了仿真分析得到的节点电压和支路电流。

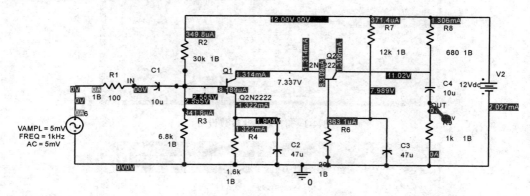

图 3-4-4 Cascode 电路原理

2. Cascode 电路时域分析

按图 3-4-1 设置的参数进行仿真,得到如图 3-4-5 所示的时域分析结果。

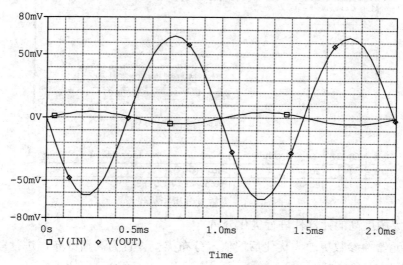

图 3-4-5 时域分析结果

由图 3-4-5 可知，电路具有放大特性。

3. Cascode 电路频域分析

按图 3-4-2 和图 3-4-3 设置进行仿真，得到如图 3-4-6、图 3-4-7 所示的频域分析结果。

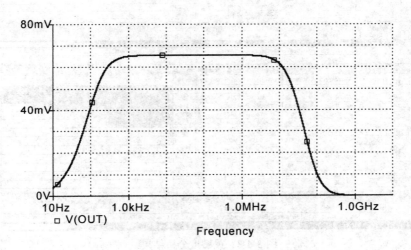

图 3-4-6 频域分析结果曲线

Evaluate	Measurement	Value
☑	Bandwidth_Bandpass_3dB(V(OUT))	22.81472meg
☑	ConversionGain(V(OUT), V(IN))	14.46192

图 3-4-7 频域分析结果特征值

由图可知，电路的带宽为 22.815 MHz，电压放大倍数为 14.462 倍。

4. Cascode 电路灵敏度分析

调用高级分析中的灵敏度分析，进行仿真，得到如图 3-4-8 所示的灵敏度分析结果。

			Parameters				
Component	Parameter	Original	@Min	@Max	Rel Sensitivity	Linear	
R1	VALUE	100	110	90	-158.6456k	99	
R3	VALUE	6.8000k	7.4800k	6.1200k	-41.2452k	25	
R2	VALUE	30k	27k	33k	36.8621k	23	
R4	VALUE	1.6000k	1.4400k	1.7600k	29.2679k	18	
R8	VALUE	680	748	612	-13.3689k	8	
R9	VALUE	1k	1.1000k	900	-8.2791k	5	
C2	VALUE	47u	51.7000u	42.3000u	-270.0460m	< MIN >	
C3	VALUE	47u	42.3000u	51.7000u	35.7761m	< MIN >	
C4	VALUE	10u	9u	11u	498.0545u	< MIN >	
C1	VALUE	10u	9u	11u	-1.0081	< MIN >	
R6	VALUE	20k	22k	18k	-144.8328	< MIN >	
R7	VALUE	12k	13.2000k	10.8000k	-155.2396	< MIN >	

			Specifications			
On/Off	Profile	Measurement	Original	Min	Max	
☑	ac.sim	Bandwidth_Bandpass_3dB(V(OUT))	22.8147meg	19.7928meg	25.5488meg	
☑	ac.sim	ConversionGain(V(OUT),V(IN))	14.4619	9.4013	21.7381	

			Parameters				
Component	Parameter	Original	@Min	@Max	Rel Sensitivity	Linear	
R3	VALUE	6.8000k	6.1200k	7.4800k	156.3695m	99	
R2	VALUE	30k	33k	27k	-155.1936m	99	
R4	VALUE	1.6000k	1.7600k	1.4400k	-131.3044m	83	
R8	VALUE	680	612	748	84.7020m	54	
R9	VALUE	1k	900	1.1000k	57.1733m	36	
R1	VALUE	100	110	90	-3.1584m	2	
C2	VALUE	47u	51.7000u	42.3000u	-78.1134u	< MIN >	
C3	VALUE	47u	51.7000u	42.3000u	-4.2730n	< MIN >	
C4	VALUE	10u	9u	11u	12.9513n	< MIN >	
C1	VALUE	10u	9u	11u	438.4187u	< MIN >	
R6	VALUE	20k	18k	22k	298.2348u	< MIN >	
R7	VALUE	12k	13.2000k	10.8000k	-306.9936u	< MIN >	

			Specifications			
On/Off	Profile	Measurement	Original	Min	Max	
☑	ac.sim	Bandwidth_Bandpass_3dB(V(OUT))	22.8147meg	19.7928meg	25.5488meg	
☑	ac.sim	ConversionGain(V(OUT),V(IN))	14.4619	9.4013	21.7381	

图 3-4-8　灵敏度分析结果

由图可知，对放大倍数和带宽灵敏的器件均为 R3、R2、R4、R8、R9、R1。

5. 优化分析

(1) 选取灵敏器件 R1、R2、R3、R4、R8、R9 进行优化。优化后的取值如图 3-4-9 中"Current"一列所示。

		Parameters [Next Run]				
Off	Component	Parameter	Original	Min	Max	Current
	R3	VALUE	6.8000k	680	68k	7.1546k
	R2	VALUE	30k	3k	300k	21.9116k
	R4	VALUE	1.6000k	160	16k	338.0757
	R8	VALUE	680	68	6.8000k	698.0625
	R9	VALUE	1k	100	10k	1.8646k
	R1	VALUE	100	10	1k	116.1062

图 3-4-9　电阻电容的取值

(2) 电路性能函数最终优化结果如图 3-4-10 所示。

				Specifications [Next Run]						
On/Off	Profile	Measurement	Min	Max	Type	Weight	Original	Current	Error	
☑	ac.sim	Bandwidth(V(OUT),3)	9.7000meg	10.3000meg	Goal	1	22.8147meg	10.1031meg	0%	
☑	ac.sim	ConversionGain(V(OUT),V(IN))	97	103	Goal	1	14.4619	101.3668	0%	

图 3-4-10　电路性能函数优化结果

由图 3-4-10 可知，优化后放大倍数为 101.4，带宽为 10.01 MHz，满足性能指标优化要求。

6. 蒙特卡罗分析

(1) 进行仿真，对放大倍数的蒙特卡罗分析结果如图 3-4-11 所示。

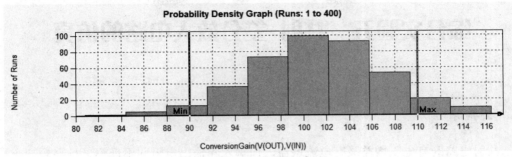

图 3-4-11　MC 分析结果 1

由图 3-4-11 可知：ConversionGain(V(OUT)，V(IN))：平均值 = 101.1352，按达标范围是 90～110 的要求，成品率 = 92.25%。

(2) 进行仿真，对带宽的蒙特卡罗分析结果如图 3-4-12 所示。由图 3-4-12 可知：BandWidth(V(OUT)，3)：平均值 = 10.1117 MHz，按达标范围是 9 MHz～11 MHz 的要求，成品率 = 96.75%。

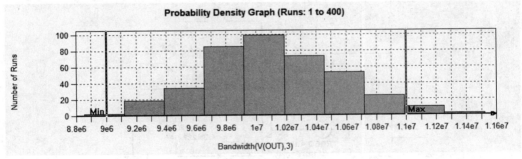

图 3-4-12　MC 分析结果 2

四、实验小结

通过此次电路设计，使读者熟悉 PSpice 工具的使用，进一步了解 Cascode 电路原理，深刻体会电路的分析流程。

综合实验五　共射-差分放大电路的仿真

一、实验原理

共射电路既有电压增益又有电流增益，但输入和输出电阻并不理想，且高频响应较差，通频带窄；共基电路输入电阻小而输出电阻大，接近理想的电流放大器，有较好的高频响应，但电流增益小于(接近于)1；差分电路抗干扰能力强，且抗噪声和温漂方面性能较好。共射-共基串接差分放大电路广泛应用于宽带放大器中。如图 3-5-1 所示。

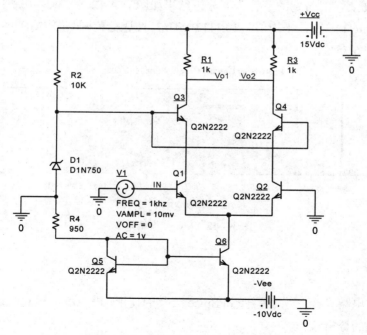

图 3-5-1　共射-共基串接差分放大电路

差动放大部分由晶体管 Q1、Q2、Q3、Q4、Q5、Q6 和电阻 R1、R2、R3、R4 等元件组成，其中 Q1、Q2 对管是差分放大管，Q5 和 Q6 对管构成电流源。该电路是单入-

双出差分式放大电路，所有 BJT 均选择 Q2N2222(NPN 型硅管)。激励采用 VSIN 电压源。

二、实验内容与步骤

本实验具体操作步骤如下：

(1) 绘制如图 3-5-1 所示电路图。

(2) 对电路进行直流工作点分析，得到差模电压增益、输入电阻、输出电阻、电路的共模抑制比。

① 进行电路的直流工作点分析，参数设置如图 3-5-2 所示。

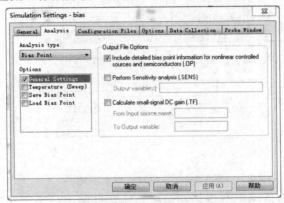

图 3-5-2　直流工作点分析参数设置

② 对电路进行差模分析，在"差模分析参数设置"对话框中，设置"Calculate small-signal DC gain(.TF)"分析，参数设置如图 3-5-3 所示。

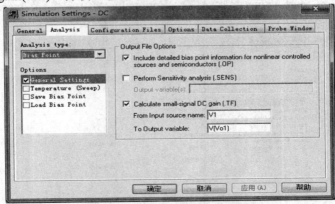

图 3-5-3　差模分析参数设置

③ 共模电压增益(此时需将电路改成共模方式输入)得到电路的共模抑制比,电路图如图3-5-4所示。

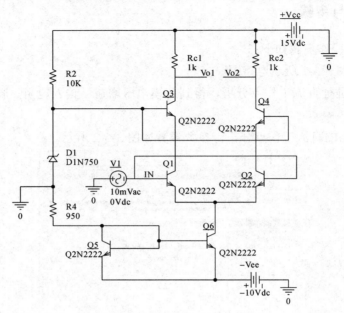

图3-5-4 共模方式输入电路图

(3) 对电路进行直流扫描分析。在电压传输特性图中,确定何段范围内输入输出信号有良好的线性关系。

① 分析当温度从0℃~80℃变化时,Q1~Q4的Ic及Vce的变化情况。设置"DC Sweep"分析,设定Start value(起始温度)、End value(终止温度)及Increment(步长),参数设置如图3-5-5所示。

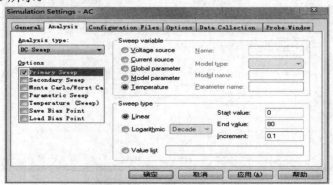

图3-5-5 温度分析参数设置

② 对 V1 进行 DC 扫描，参数设置如图 3-5-6 所示。

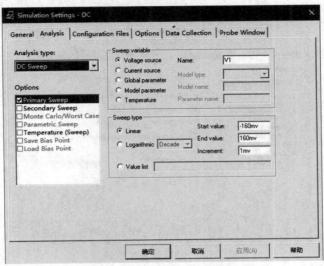

图 3-5-6　对 V1 进行 DC 扫描参数设置

③ 对电路进行交流仿真，分析无共基条件下电路的幅频曲线，参数设置如图 3-5-7 所示。

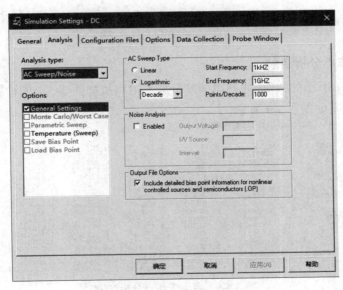

图 3-5-7　交流扫描参数设置

(4) 对电路进行 Time Domain(时域)分析。分析 VO2 与 V1 同相、VO1 与 V1 反相、双端输出的波形。电压源电压交流设置为 10 mV，参数设置如图 3-5-8 所示。

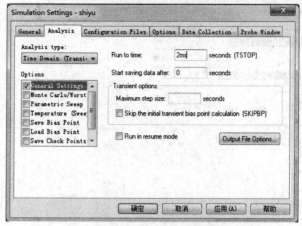

图 3-5-8 时域分析参数设置

(5) 对电路进行非线性失真分析。将输入正弦波幅值增大到 800 mV，观察输入波形、输出波形，并分析工作点位置与波形失真情况的关系，在波形窗口进一步做 FFT 变换，得到输出波形的频谱，分析谐波分量。

三、实验结果与分析

1. 直流工作点分析结果

对如图 3-5-1 所示的共射-共基串接差分放大电路按如图 3-5-2 的设置进行仿真，直流工作点输出结果如图 3-5-9 所示。

```
**** BIPOLAR JUNCTION TRANSISTORS

NAME         Q_T3        Q_T6        Q_T4        Q_T5        Q_T1
MODEL        Q2N2222     Q2N2222     Q2N2222     Q2N2222     Q2N2222
IB           3.00E-05    5.62E-05    3.00E-05    5.62E-05    3.07E-05
IC           5.39E-03    1.09E-02    5.39E-03    9.77E-03    5.42E-03
VBE          6.88E-01    7.06E-01    6.88E-01    7.06E-01    6.89E-01
VBC         -5.18E+00   -8.60E+00   -5.18E+00    0.00E+00   -3.74E+00
VCE          5.87E+00    9.31E+00    5.87E+00    7.06E-01    4.43E+00
BETADC       1.80E+02    1.94E+02    1.80E+02    1.74E+02    1.77E+02
GM           2.05E-01    4.08E-01    2.05E-01    3.66E-01    2.05E-01
RPI          9.36E+02    4.95E+02    9.36E+02    4.95E+02    9.15E+02
RX           1.00E+01    1.00E+01    1.00E+01    1.00E+01    1.00E+01
RO           1.47E+04    7.57E+03    1.47E+04    7.57E+03    1.43E+04
CBE          1.22E-10    2.06E-10    1.22E-10    1.89E-10    1.22E-10
CBC          3.61E-12    3.09E-12    3.61E-12    7.34E-12    3.97E-12
CJS          0.00E+00    0.00E+00    0.00E+00    0.00E+00    0.00E+00
BETAAC       1.92E+02    2.02E+02    1.92E+02    1.81E+02    1.88E+02
CBX/CBX2     0.00E+00    0.00E+00    0.00E+00    0.00E+00    0.00E+00
FT/FT2       2.60E+08    3.11E+08    2.60E+08    2.97E+08    2.60E+08
```

图 3-5-9 直流工作点分析结果

按图 3-5-3 设置进行仿真，差模电压增益结果如图 3-5-10 所示。

第三部分 综合仿真实验

```
****      SMALL-SIGNAL CHARACTERISTICS

          V(VO1)/V_V1 = -1.013E+02
          INPUT RESISTANCE AT V_V1 =  1.848E+03
          OUTPUT RESISTANCE AT V(VO1) =  9.996E+02
```

图 3-5-10 差模电压增益结果

由图 3-5-10 可以得到：差模电压增益：−1.013E+02，差模输入电阻：1.848E+03，差模输出电阻：9.996E+02。对如图 3-5-4 所示的共模电路，进行仿真，共模电压增益输出结果如图 3-5-11 所示。

```
****      SMALL-SIGNAL CHARACTERISTICS

          V(VO1)/V_V1 = -6.490E-02
          INPUT RESISTANCE AT V_V1 =  6.977E+05
          OUTPUT RESISTANCE AT V(VO1) =  9.996E+02
```

图 3-5-11 共模电压增益输出结果

由图 3-5-11 得到共模抑制比为 $K_{cmr} = 20\lg|A_{ud}/A_{uc}| = 63.867$ dB。

2. 直流扫描分析结果

(1) 当温度从 0℃～80℃变化时，按图 3-5-5 设置仿真参数，分析 Q1～Q4 的 Ic 及 Vce 的变化情况。

① Q1、Q2 管 Vce 的变化情况仿真结果如图 3-5-12 所示。

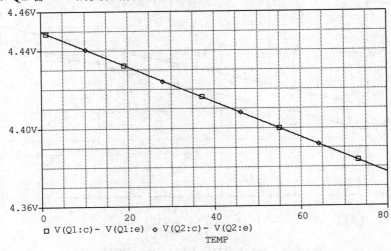

图 3-5-12 Q1、Q2 管 Vce 随温度变化

② Q3、Q4 管 Vce 的变化情况仿真结果如图 3-5-13 所示。

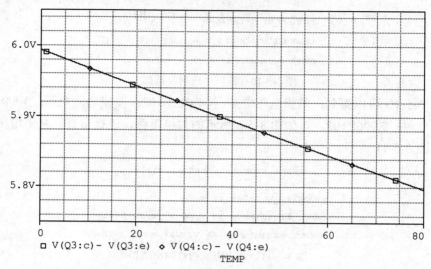

图 3-5-13 Q3、Q4 管 Vce 随温度变化

从图 3-5-12 和图 3-5-13 可看出，在 0℃时 Q3 和 Q4 的 Vce 电压约为 5.99 V；在 80℃时，电压约为 5.80 V，电压随温度增加而略微下降，从 0℃到 80℃，电压下降约 3.2%。

③ Q1、Q2、Q3、Q4 的 Ic 变化情况仿真结果如图 3-5-14 所示。

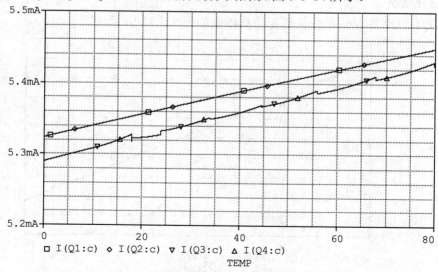

图 3-5-14 Ic(Q1，Q2)、Ic(Q3，Q4)随温度变化

从图 3-5-14 可看出，电流随温度增加略微增加，增加幅度约为 2.4%。

(2) 按图 3-5-6 所示的参数设置对 V1 进行 DC 扫描，电压传输特性如图 3-5-15 所示。

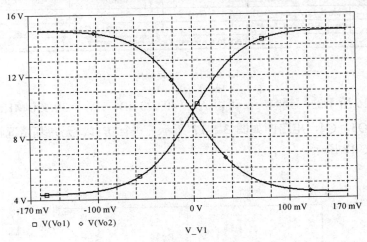

图 3-5-15 电压传输特性

由图 3-5-15 可得，输入电压在 −40 mV～40 mV 的范围内变化时，输入电压与输出电压 V(Vo1) 和 V(Vo2) 有良好的线性关系。若超过这个范围，则放大电路将进入非线性区。

3. 交流扫描分析结果

(1) 按 3-5-7 所示的参数设置进行仿真，电路幅频响应如图 3-5-16 所示。

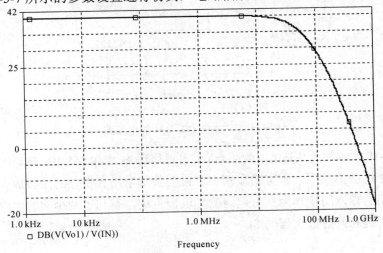

Measurement Results		
Evaluate	Measurement	Value
✓	Cutoff_Lowpass_3dB(V(Vo1)/V(IN))	39.42976meg
✓	Max(DB(V(Vo1)/V(IN)))	40.02394
	Click here to evaluate a new measurement...	

图 3-5-16 幅频响应

由图 3-5-16 所示的幅频响应，可得 $A_v = 40.023$ dB，BW = 39.430 MHz。

(2) 去掉 Q3、Q4，电路图如图 3-5-17 所示。进行仿真，无共基情况幅频响应的仿真结果如图 3-5-18 所示。

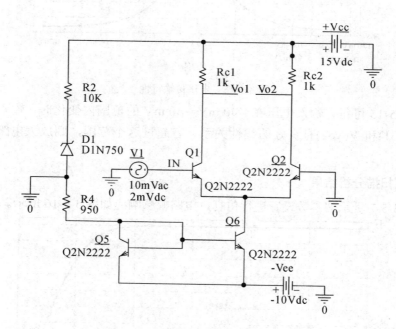

图 3-5-17 去掉 Q3、Q4 的电路图

由图 3-5-18 所示的无共基情况幅频响应，可以得到 $A_v = 39.555$ dB，BW = 17.065 MHz。

在增益相近的情况下，带宽明显减小，说明共基电路有良好的高频放大性能。这是因为共基电路的输入阻抗作为共射电路的集电极负载，有利于减少共射电路的等效输入电容，有利于提高共射放大器的 f_H。

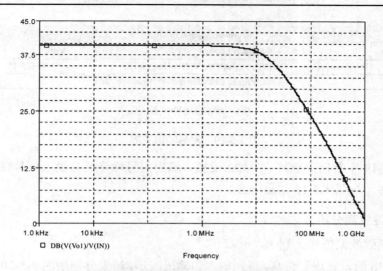

图 3-5-18 无共基情况幅频响应(去掉 Q3、Q4)的仿真结果

4. 时域分析结果

按 3-5-6 所示的参数设置进行仿真,双端输出波形,如图 3-5-19 所示。

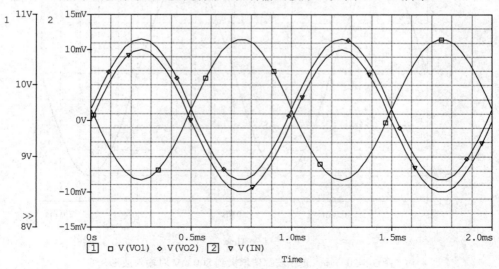

(a) 双端输出波形

Measurement Results		
Evaluate	Measurement	Value
✓	DB((Max(V(Vo1))-Min(V(Vo1)))/(Max(V(IN))-Min(V(IN))))	39.92611
	Click here to evaluate a new measurement...	

(b) 双端输出特征函数

图 3-5-19 双端输出波形

从图 3-5-19 中看出，VO1 与 VO2 反相，输出信号峰峰值与输入信号峰峰值之比的分贝数为 39.9，与图 3-5-16 结果一致。

5. 非线性失真分析

将输入正弦波幅值增大到 800 mV。

按图 3-5-8 的设置进行仿真，得到输入和输出波形，结果分别如图 3-5-20 和图 3-5-21 所示。

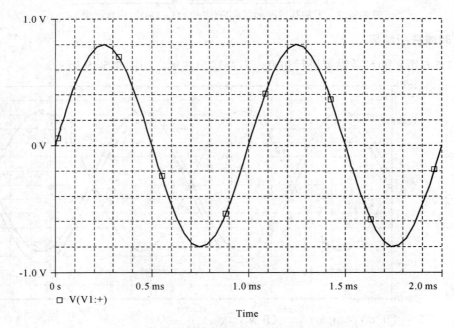

图 3-5-20 输入正弦波幅值增大到 800 mV 时输入波形

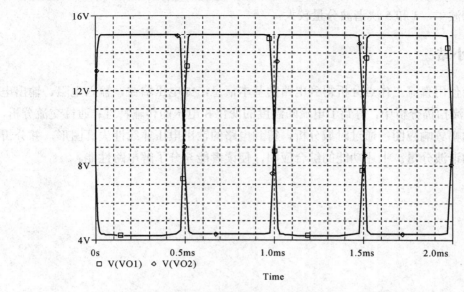

图 3-5-21 输入正弦波幅值增大到 800 mV 时输出波形

由于输入信号幅度过大,导致输出信号不再像输入信号那样为正弦波,呈现"矩形"波,严重失真,因此输入电压应该设置一定的范围。

在波形窗口进一步做 FFT 变换,得到输出波形的频谱,如图 3-5-22 所示。

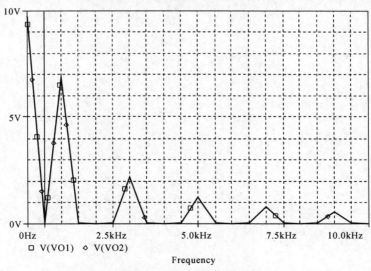

图 3-5-22 输出波形的频谱

高次谐波中，3 和 5 次谐波分量较大。

四、实验小结

本实验使用直流工作点分析得到电路的基本信息，如电压增益，输入电阻、输出电阻等；在直流扫描分析中，得到了电流随温度的变化和电压的传输特性；通过交流分析，得到电路的幅频响应图；通过时域分析，得到电路的输出电压非线性失真图形，并分析输出电压的谐波分量。上述功能的综合应用，使读者能充分了解电路性能。

综合实验六 话筒语音放大与混音电路仿真

一、实验原理

本实验中的集成电路具有话筒语音放大、话筒语音与背景音乐的混合放大以及音量可调的功能,其功能原理示意如图 3-6-1 所示。

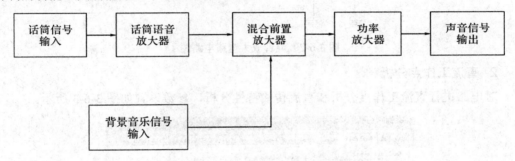

图 3-6-1 话筒语音放大与混音原理图

二、实验内容与步骤

1. 绘制电路原理图

绘制如图 3-6-2 所示的电路图,并设置电路参数。

混音电路由两部分组成,第一部分是话筒语音放大电路,是由运放组成的同相比例放大器;第二部分是混音放大电路,是由运放组成的反相加法器。

本实验中运算放大器选用 uA741 并采用+12V 单电源供电。使用信号源 V1 模拟话筒语音信号,使用信号源 V2 模拟录音机背景音乐信号。电阻 R13 与 R14 以及 R24 与 R25 是分压电阻,为电路提供合适的静态偏置。

考虑到混音系统中,话筒音量和背景音乐音量的配合问题,故在混音放大前各增加一个音量控制电位器 Rp1 与 Rp2。

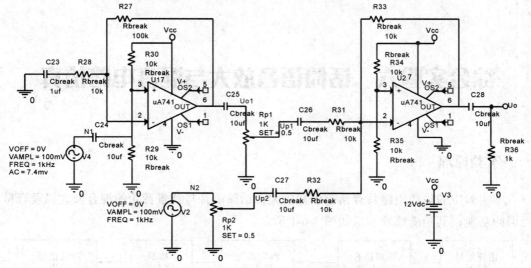

图 3-6-2 混音放大电路电路图

2. 直流工作点分析

对电路进行直流工作点分析和直流传输特性分析，参数设置如图 3-6-3 所示。

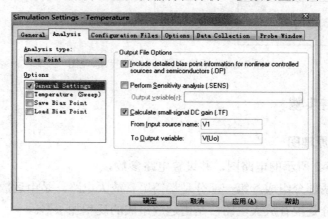

图 3-6-3 直流工作点分析仿真参数设置

3. 时域分析

输入信号 V1 与 V2 选用 1 kHz 的正弦波信号，V1 幅值设定为 7.4 mV(普通话筒输出幅值)，V2 幅值设定为 100 mV。仿真参数设置如图 3-6-4 所示。进行时域分析，观察前置话筒语音放大电路输出(Uo1)及混音电路输出(Uo)。

图 3-6-4 时域分析仿真参数设置

4. 交流分析

对电路进行交流仿真，取输入端的 V1 信号源是幅值为 7.4 mV 的交流信号，参数设置如图 3-6-5 所示。观察话筒语音放大器增益的幅频特性曲线和输入阻抗频率特性曲线，并进行噪声分析。

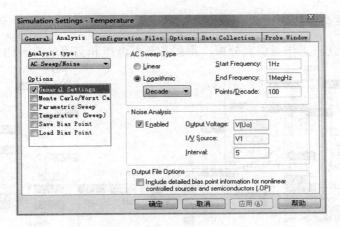

图 3-6-5 交流分析仿真参数设置

5. 蒙特卡罗分析

使用 BREAKOUT 库中的 Rbreak 代替原仿真电路中的电阻 R，并在 edit pspice model 内在 "model Rbreak RES R=1" 后面加 DEV = 5%；然后，在 "Analysis type" 中选择 "AC Sweep/Noise"，并选择 "Monte Carlo/Worst Case" 分析，设置参数如图 3-6-6 所示。进行仿真，在 Probe 中观察相应的直方图。

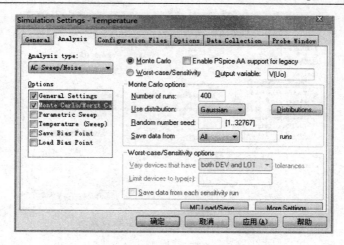

图 3-6-6 蒙特卡罗分析参数设置

三、实验结果与分析

1. 直流工作点分析

对电路进行直流工作点仿真分析,得到各节点电压和支路电流,如图 3-6-7 所示。

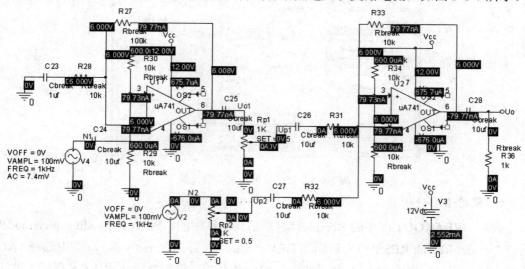

图 3-6-7 各节点直流工作点情况

2. 时域分析

(1) 观察前置话筒语音放大电路输出(UO1)及混音放大器输出(Uo)。如图 3-6-8 所示，前置放大器在第一周期有很大的峰值，而后置混音放大器则出现了饱和现象，这种现象被称为过冲(Overshoot)现象，在 250 ms 以后达到稳定状态。

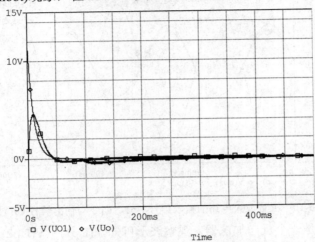

图 3-6-8 话筒语音放大器输出 UO1 及混音放大器输出 Uo 波形

(2) 在图 3-6-8 的基础上，截取 3 ms 观察波形情况(497 ms～500 ms)，可得话筒语音放大电路的输入信号 V1 与输出信号 UO1 波形，如图 3-6-9 所示。

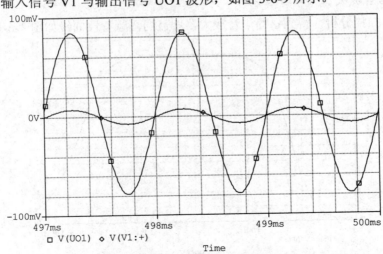

图 3-6-9 话筒语音放大电路的输入信号 V1 与输出信号 UO1 波形

话筒语音信号经同相放大后幅值增大 11 倍，同时输出信号 UO1 波形中仍然含有一定的直流分量。

(3) 图 3-6-10 显示的是混音放大电路输入信号 Up1、Up2 与输出信号 Uo 波形。

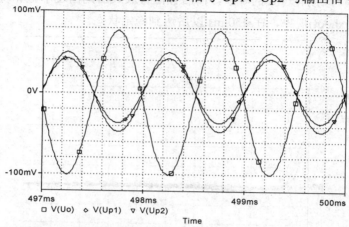

图 3-6-10　混音放大电路的输入信号 Up1、Up2 与输出信号 Uo 波形

混音放大电路是一个反向加法器。观察波形可知 V(Up1) + V(Up2) = V(Uo)，波形关系符合反相输入加法电路的输入输出的幅度及相位关系。

3. 交流分析

1) 话筒语音放大器频率特性分析

执行交流扫描分析，得到话筒语音放大器增益的幅频特性曲线如图 3-6-11 所示。

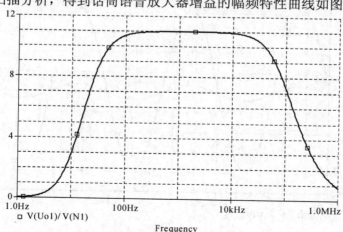

图 3-6-11　话筒语音放大器增益的幅频特性曲线

如图 3-6-12 所示，设置查看电路特征值，得出结果：在中频区话筒语音放大了 10.998 倍，电路带宽为 89.73 kHz，中心频率为 27.67 kHz。

	Evaluate	Measurement	Measurement Results Value	
	✓	Bandwidth_Bandpass_3dB(V(Uo1))	89.73876k	
▶	✓	CenterFrequency(V(Uo1),3dB)	27.94709k	
	✓	ConversionGain(V(Uo1), V(N1))	10.99812	
			Click here to evaluate a new measurement...	

图 3-6-12　话筒语音放大器电路特征值

2) 话筒语音放大器的输入阻抗频率特性分析

话筒语音放大器输入阻抗频率特性曲线如图 3-6-13 所示。

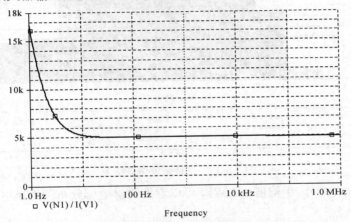

图 3-6-13　话筒语音放大器的输入阻抗频率特性分析

从图 3-6-13 中可得，在中频区很宽的频率范围内，输入阻抗基本不变。当频率为 1 kHz 时，输入阻抗为 5 kΩ；在低频区，输入阻抗随频率的减小而明显增大。

3) 噪声分析

输出文件中存放的在 1 kHz 处噪声分析结果如图 3-6-14 所示。

```
**** TOTAL OUTPUT NOISE VOLTAGE      = 2.248E-17 SQ V/HZ
                                     = 4.742E-09 V/RT HZ

     TRANSFER FUNCTION VALUE:

         V(UC)/V_V1                  = 3.747E-04

     EQUIVALENT INPUT NOISE AT V_V1  = 1.265E-05 V/RT HZ
```

图 3-6-14　1 kHz 处噪声分析结果

4. 蒙特卡罗分析

进行仿真，得到蒙特卡罗仿真结果，如图 3-6-15 所示。

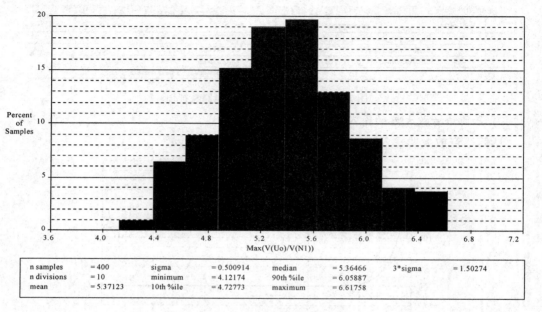

图 3-6-15　蒙特卡罗仿真结果

Max(V(Uo)/V(N1))：平均值 = 5.371，可以看到输出电压分布较为集中，成品率较高。

四、实验小结

本实验模拟话筒语音放大与混音电路，对电路进行直流、交流、时域等分析，使读者了解话筒语音放大与混音电路基本原理，熟悉放大电路和反相加法器的工作特点；并对电路进行蒙特卡罗分析，对其"可制造性"给出评价。

综合实验七　一种用于高温半导体器件的驱动电路的仿真

一、实验原理

为了给高温半导体器件提供控制信号,不但要求驱动电路能输出一定电平的脉冲信号,而且要求在较高的温度范围内信号保持稳定。目前,普遍采用耐高温的电阻、电容、电感等无源元件,以及金属封装的硅半导体分立器件设计的驱动电路。由于不存在硅单片集成电路中不同器件之间存在的寄生器件漏电流,因此采用分立器件设计的电路在高达 200℃的高温环境中仍然能正常工作。

二、实验内容与步骤

设计一个采用分立器件构成的驱动电路,要求在输入 10 V、100 kHz、占空比为 50% 的方波信号作用下,为高温半导体器件提供一个高电平为 18~20 V、低电平为 –5~–4 V 的方波信号,且电路在高达 200℃的高温下仍然正常工作。

1. 绘制实验电路图

绘制如图 3-7-1 所示的实验电路图,并设置电路参数。图中编号为 M1 的 MOSFET IRF640 代表高温半导体器件,选自库 PWRMOS。该器件的栅极信号 V(M1:g)就是要求的驱动信号。

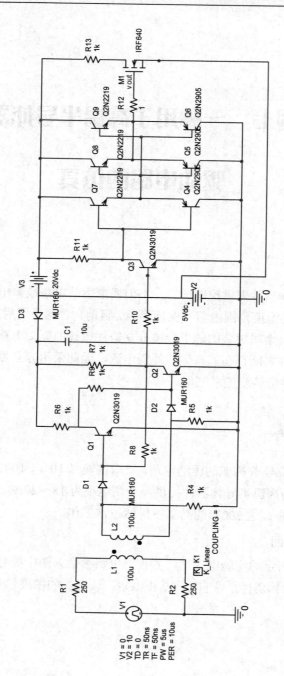

图 3-7-1 实验电路图

1) 电压源设置

电压源为脉冲电压源 VPULSE，来自库 SOURCE。电源采用高电平为 10V、频率为 50 Hz、占空比为 50% 的方波信号，即设置脉冲信号的低电平 V1 = 0 V、高电平 V2 = 10 V、延迟 TD = 0 s、上升时间 TR 和下降时间 TF 均为 50ns、脉宽 PW = 5 us、周期 PER = 10 us，如图 3-7-2 所示。

2) 变压器设置

电感 L 和 K_Linear 选自库 ANALOG，使用 K_Linear 元件，将两个电感进行耦合，生成变压器的效果。

变压器的参数设置为：Vout/Vin = $\sqrt{L2/L1}$，因为是纯电感，所以需要开根号；设置 K_Linear 元件，取耦合系数 COUPLING 为 1 即可，设置 L1 项的参数为 l1，L2 项的参数为 l2；变压器主要是起隔离作用，所以变比设置为 1，参数设置如图 3-7-3 所示。

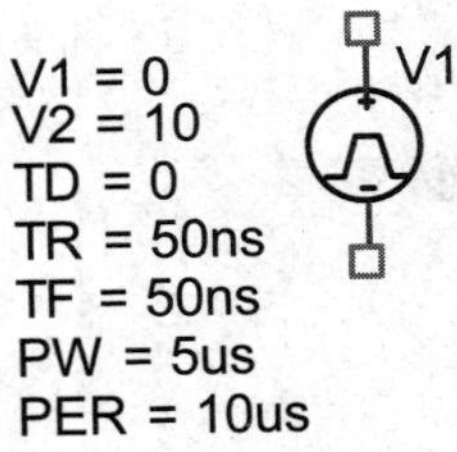

图 3-7-2　电压源参数设置图

	A
	SCHEMATIC1 : PAGE1
Color	Default
COUPLING	1
Designator	
Graphic	K_Linear.Normal
ID	
Implementation	
Implementation Path	
Implementation Type	PSpice Model
L1	l1
L2	l2
L3	
L4	
L5	
L6	
Location X-Coordinate	170
Location Y-Coordinate	380
Name	INS84112
Part Reference	K1
PCB Footprint	
Power Pins Visible	
Primitive	DEFAULT
PSpiceOnly	TRUE
PSpiceTemplate	Kn^@REFDES L^@L1 ?L2|L
Reference	K1
Source Library	E:\CADENCE17\SPB_1
Source Package	K_Linear
Source Part	K_Linear.Normal
Value	K_Linear

图 3-7-3　K_Linear 参数设置图

2．静态工作点分析

对电路进行静态工作点分析，参数设置如图 3-7-4 所示。

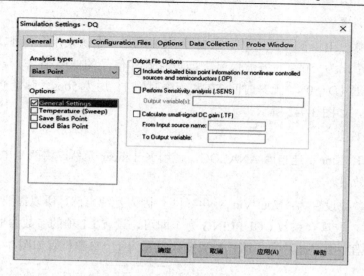

图 3-7-4 静态工作点分析参数设置

3. 时域分析

进行时域分析时,设置仿真时间为"50us",步长为"0.01us",参数设置如图 3-7-5 所示。

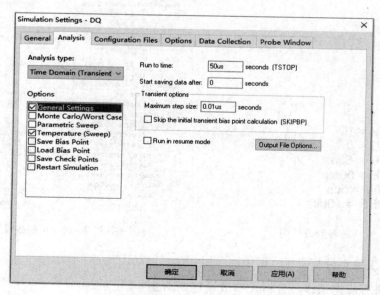

图 3-7-5 时域分析参数设置

分析后显示输入电压 V1 以及代表驱动信号输出的 M1 器件栅极电压 V(M1:g)，同时显示在驱动信号作用下代表高温半导体器件的 M1 器件漏源电压 VDS 的变化情况。

4. 温度扫描分析

在时域分析的基础上，对电路进行温度扫描分析，参数设置如图 3-7-6 所示，设置温度为"0 20 40 80 160 200"(℃)共 6 个温度值。

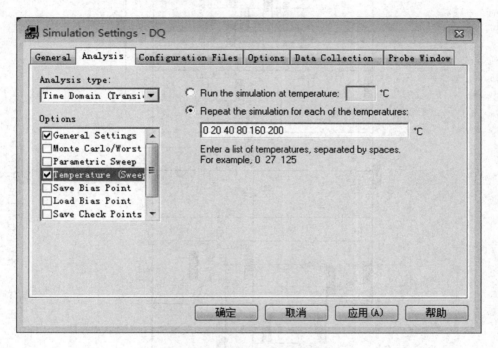

图 3-7-6　温度扫描分析参数设置

三、实验结果与分析

1. 静态工作点仿真

1) 直流工作点分析

对电路进行直流工作点仿真分析，得到各节点的电压值，如图 3-7-7 所示。

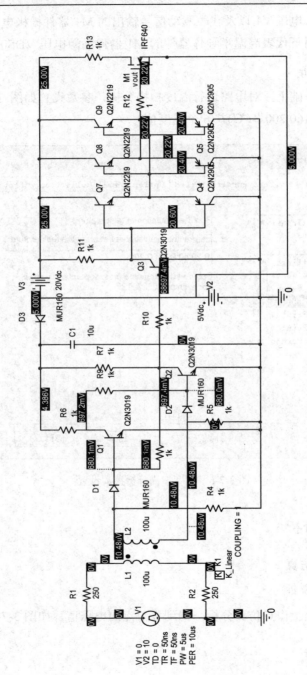

图 3-7-7 各节点直流工作点情况

2) BJT 晶体管工作点信息

直流工作点仿真分析后，存放在输出文件中的三极管工作点信息如图 3-7-8 所示。

3) MOS 晶体管工作点信息

直流工作点仿真分析后，存放在输出文件中的 MOSFET 工作点信息如图 3-7-9 所示。

NAME	Q_Q4	Q_Q7	Q_Q3	Q_Q6	Q_Q8
MODEL	Q2N2905	Q2N2219	Q2N3019	Q2N2905	Q2N2219
IB	5.84E-12	4.16E-12	1.73E-05	5.78E-12	2.19E-12
IC	-2.98E-11	3.58E-11	4.40E-03	-2.95E-11	2.15E-11
VBE	1.96E-01	1.96E-01	6.80E-01	1.79E-01	1.79E-01
VBC	2.06E+01	-4.40E+00	-1.99E+01	2.04E+01	-4.60E+00
VCE	-2.04E+01	4.60E+00	2.06E+01	-2.02E+01	4.78E+00
BETADC	-5.11E+00	8.60E+00	2.55E+02	-5.11E+00	9.86E+00
GM	-1.76E-13	1.17E-09	1.69E-01	-1.75E-13	6.07E-10
RPI	4.43E+13	6.86E+09	1.50E+03	3.29E+13	1.14E+10
RX	1.00E+01	1.00E+01	1.00E+01	1.00E+01	1.00E+01
RO	7.38E+11	6.64E+11	2.72E+04	7.40E+11	7.54E+11
CBE	1.83E-11	2.47E-11	2.06E-10	1.84E-11	2.44E-11
CBC	2.43E-12	3.78E-12	4.75E-12	2.45E-12	3.73E-12
CJS	0.00E+00	0.00E+00	0.00E+00	0.00E+00	0.00E+00
BETAAC	-7.82E+00	7.99E+00	2.54E+02	-5.75E+00	6.90E+00
CBX/CBX2	0.00E+00	0.00E+00	0.00E+00	0.00E+00	0.00E+00
FT/FT2	-1.35E-03	6.52E+00	1.28E+08	-1.33E-03	3.44E+00

NAME	Q_Q9	Q_Q2	Q_Q1	Q_Q5
MODEL	Q2N2219	Q2N3019	Q2N3019	Q2N2905
IB	2.19E-12	1.72E-05	1.73E-05	5.78E-12
IC	2.15E-11	3.65E-03	3.67E-03	-2.95E-11
VBE	1.79E-01	6.80E-01	6.80E-01	1.79E-01
VBC	-4.60E+00	-1.74E-02	-1.71E-02	2.04E+01
VCE	4.78E+00	6.97E-01	6.97E-01	-2.02E+01
BETADC	9.86E+00	2.13E+02	2.13E+02	-5.11E+00
GM	6.07E-10	1.41E-01	1.41E-01	-1.75E-13
RPI	1.14E+10	1.51E+03	1.50E+03	3.29E+13
RX	1.00E+01	1.00E+01	1.00E+01	1.00E+01
RO	7.54E+11	2.74E+04	2.72E+04	7.40E+11
CBE	2.44E-11	1.83E-10	1.83E-10	1.84E-11
CBC	3.73E-12	1.56E-11	1.56E-11	2.45E-12
CJS	0.00E+00	0.00E+00	0.00E+00	0.00E+00
BETAAC	6.90E+00	2.12E+02	2.12E+02	-5.75E+00
CBX/CBX2	0.00E+00	0.00E+00	0.00E+00	0.00E+00
FT/FT2	3.44E+00	1.13E+08	1.13E+08	-1.33E-03

**** MOSFETS

NAME	M_M1
MODEL	IRF640
ID	2.00E-02
VGS	1.52E+01
VDS	2.56E-03
VBS	0.00E+00
VTH	3.79E+00
VDSAT	1.14E+01
Lin0/Sat1	-1.00E+00
if	-1.00E+00
ir	-1.00E+00
TAU	-1.00E+00
GM	1.75E-03
GDS	7.82E+01
GMB	0.00E+00
CBD	1.87E-09
CBS	1.95E-16
CGSOV	1.15E-09
CGDOV	2.21E-10
CGBOV	0.00E+00
CGS	2.28E-10
CGD	2.28E-10
CGB	0.00E+00

图 3-7-8 输出文件中三极管工作点信息

图 3-7-9 输出文件中 MOSFET 工作点信息

2. 时域分析

按照如图 3-7-5 的参数设置，时域分析得到的输入脉冲信号 V1、代表输出驱动信号的 M1 器件栅源电压 VGS(即 V(M1:g)-V(M1:s))以及在驱动信号作用下代表高温半导体器件的 M1 器件漏源电压 VDS(即 V(M1:d)-V(M1:s))波形结果，如图 3-7-10 所示。在输入信号 V1 作用下，电路产生的输出驱动信号幅度为低电平 −4 V、高电平 20 V，满足设计要求。在该驱动信号作用下，半导体器件 M1 的漏源电压 VDS 信号波形表明，器件的导通和截止状态得到了正确控制。

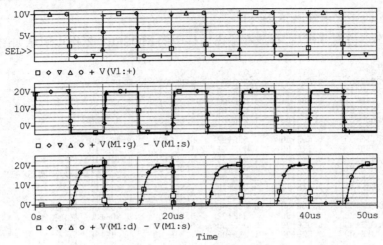

图 3-7-10　输入输出波形的电压图形

3. 温度扫描分析

按照图 3-7-6 的设置，得到温度扫描特性结果，如图 3-7-11 所示。在 0℃～200℃的变化范围内，代表输出驱动信号的 M1 器件栅源电压 V(M1:g)基本不变，说明温度特性良好，该驱动电路能胜任高温驱动工作。

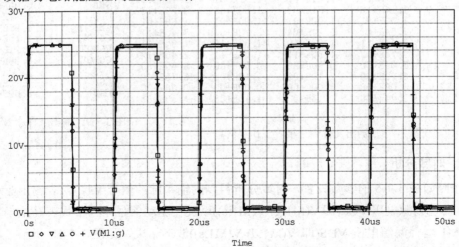

图 3-7-11　温度扫描特性图

四、实验小结

(1) 深入了解高温驱动电路的要求和设计要点。
(2) 掌握针对"高温、驱动"要求的电路模拟仿真方法。
(3) 了解并掌握 PSpice 使用技巧。

综合实验八 基于 PSpice 的 CMOS 集成运算放大电路的仿真

一、实验原理

CMOS 是互补金属氧化物半导体(Complementory Metal Oxide Semiconductor)的英文缩写，是由 NMOS 和 PMOS 共同构成的集成电路制造工艺，具有功耗小、输入电阻大、驱动能力强等特点。

在早期的模拟电子电路/线性电子电路等教材中，许多放大器的内部电路结构基本上都是利用双极晶体管 BJT 来实现的。随着集成电路制造工艺的快速发展，现在 CMOS 已应用到各种电路中，越来越有取代 BJT 的趋势，但双极晶体管 BJT 在某些领域是不可取代的。

二、实验内容与步骤

本实验针对 CMOS 器件构成的集成运算放大电路 MC14573，利用 PSpice 软件建立该 CMOS 电路的模型，同时对其特性进行了仿真及分析。本实验具体步骤如下：

1. 绘制电路图

首先绘制集成运算放大电路 MC14573 的原理图。图 3-8-1 是利用 PSpice 软件中的 Capture 模块所绘制的 MC14573 集成运算放大器的内部电路结构图。其中两个 PMOS 管 M1 和 M2 构成了源极耦合差分电路的输入级，两个 NMOS 管 M3 和 M4 分别作为 M1 管和 M2 管的有源负载。PMOS 管 M5 和 M6 构成了镜像恒流源电路，其作用是为差分放大电路的输入级提供直流偏置，可以通过调节电阻 Rref 来确定基准电流的大小。输入信号经输入级的差分放大电路放大后由 M2 管的漏极输出。M7 管是输出级，其构成了共源放大电路，PMOS 管 M8 作为 M7 管的有源负载，为 M7 管提供了偏置电流。Cc 是内部补偿电容，其作用是保证系统的稳定性。

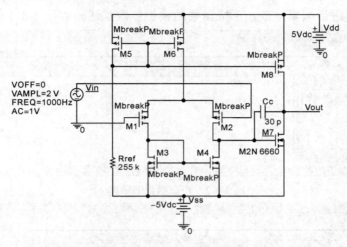

图 3-8-1　基于 CMOS 的集成运算放大电路(MC14573)的原理图

2. 器件参数设置

(1) 原理图 3-8-1 中的 M1、M2、M5、M6、M8 这 5 个 PMOS 管的参数相同：Level = 2，本征导电因子为 20 μA/V^2，W/L = 20，Vto = −0.5 V，λ = 0.014 V^{-1}。

(2) 原理图 3-8-1 中的 M3 和 M4 两个 NMOS 管的参数相同：Level = 2，本征导电因子为 20 μA/V^2，W/L = 20，Vto = 0.5 V，λ = 0.014 V^{-1}。

(3) 原理图 3-8-1 中的 NMOS 管 M7 的模型参数为：Level=2，本征导电因子为 20 μA/V^2，W/L = 40，Vto = 0.5V，λ = 0.014 V^{-1}。

由于 CMOS 的特性与器件参数的值密切相关，PSpice 中给出的参数都是某个确定型号器件的固定值，因此首先要根据要求设置 NMOS 及 PMOS 管的参数。绘制如图 3-8-1 所示的电路原理图，其中的 NMOS 以及 PMOS 均可分别从 BREAKOUT 库和 OrCad/Capture/Pspice/power 库中调用。由于 M1、M2、M5、M6、M8 这 5 个 PMOS 管的参数相同，所以在绘制电路图时可以调用相同的器件模型，如此只要改变其中某一个器件的模型参数值，其余几个器件的参数值也会同时改变。而 M3、M4 和 M7 虽均为 NMOS 管，但是其参数值的设置是不同的，所以 M7 要选择与 M3 和 M4 管不一样的器件类型，具体的设置方法如下：

绘制完电路后，选中某一个管子(如选中 M1)，单击鼠标右键从快捷菜单中选择执行"Edit PSpice Model"子命令，会弹出如图 3-8-2 所示的模型参数编辑框。其中列出了系统提供的 M1 模型 Mbreakp 的模型参数描述，用户可在此基础上根据电路的实际要求对器件模型进行编辑修改，形成需要的模型参数描述，如图 3-8-3 所示。

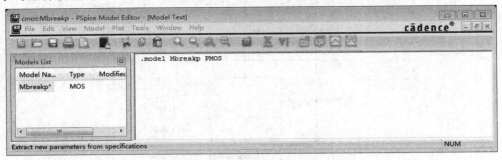

图 3-8-2 模型参数编辑框

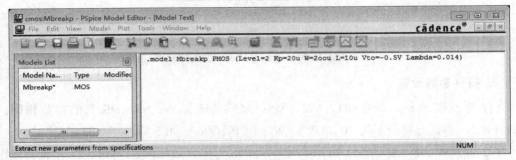

图 3-8-3 参数设置图

图 3-8-3 所示设置参数中 .model 是关键词，表示其后面的内容是模型描述；Mbreakp 是模型名称，表示该模型参数描述语句描述的是一个模型名称为 Mbreakp 的元器件的模型参数值；PMOS 为关键词，表示该句描述的元器件的类型为 PMOSFET；小括号中的内容是该模型的具体参数值。

设置好模型参数值后，执行"File→Save"命令，则电路图中所有模型名为 Mbreakp 的管子参数均为相同的设定值。

在 MC14573 电路图中，主要的器件参数设置如下：

M1、M2、M5、M6、M8 调用 BREAKOUT 库中的 Mbreakp3，M3 和 M4 调用 BREAKOUT 库中的 MbreakN3，M7 调用 PWRMOS 库中的 M2N6660 管。

M1、M2、M5、M6、M8：Level = 2，Kp = 20 μA/V^2，W = 200 μm，L = 10 μm，Vto = −0.5 V，Lambda = 0.014。

M3、M4：Level = 2，Kp = 20 μA/V², W = 200 μm，L = 10 μm，Vto = 0.5 V，Lambda = 0.014。

M7：Level = 2，Kp = 20 μA/V²，W = 400 μm，L = 10 μm，Vto = 0.5 V，Lambda = 0.014。

参数 M7 设置界面如图 3-8-4 所示。

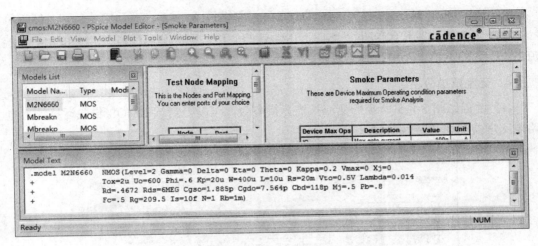

图 3-8-4　M7 参数设置图

在模型参数编辑框的右侧窗口中，按上述要求填写参数值，单击"保存"按钮便完成管子的参数设置。

3. 直流工作点分析

对电路进行直流工作点分析，由图 3-8-1 所示的原理图可知，该电路的基准电流可表示为

$$I_{REF} = \frac{V_{dd} - V_{ss} + V_{GS5}}{R_{ref}} \tag{3-8-1}$$

式中，V_{GS5} 为 PMOS 管 M5 栅源之间的电压。

对 M5 器件有

$$I_{REF} = K_p (V_{GS5} - Vto_5)^2 \tag{3-8-2}$$

由式(3-8-1)和式(3-8-2)，将已知参数值代入，计算可得

$$V_{GS5} = -1.846 \text{ V} \tag{3-8-3}$$

$$I_{REF} = \frac{10 - 1.846}{225 \text{ k}\Omega} = 36.24 \text{ }\mu\text{A} \tag{3-8-4}$$

同时，根据电路结构可得

$$I_{D1} = I_{D2} = I_{D3} = I_{D4} = 0.5 I_{REF} = 18.12 \text{ }\mu\text{A} \tag{3-8-5}$$

$$I_{D8} = I_{REF} = I_{D7} = 36.24 \text{ }\mu\text{A} \tag{3-8-6}$$

由于 M7 管的宽长比 W/L 是 M3 和 M4 管的 2 倍，因此其电流也是 M3 和 M4 管电流的 2 倍，在式(3-8-6)中得到了证明。

4. 交流扫描分析

(1) 设置如图 3-8-5 所示的交流扫描分析参数，可以得到该 CMOS 集成运算放大电路电压增益的幅频特性曲线。

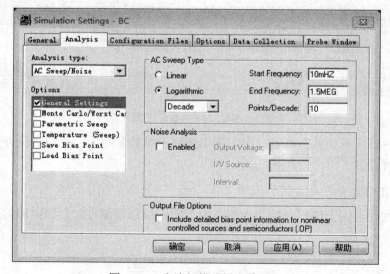

图 3-8-5 交流扫描分析参数设置

(2) 改变宽长比，观察电路性能变化。CMOS 电路的性能与器件的参数值密切相关，将输出级的管子 M7 的沟道宽长比 W/L 改为 200 μm/10 μm，同时保持电路中其他参数不变，观察此时放大电路电压增益的幅频特性。

(3) 测量 CMOS 电路的输入阻抗。

5. 时域特性分析

设置仿真参数，观察电路的时域特性，参数设置如图 3-8-6 所示。

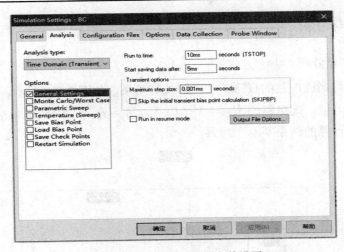

图 3-8-6 时域特性分析参数设置

6. 参数扫描

将 VAMPL 设置为全局参数 Vval，如图 3-8-7 电路所示，其中用 PARAM 符号设置输入电压的默认值为 1 mV。

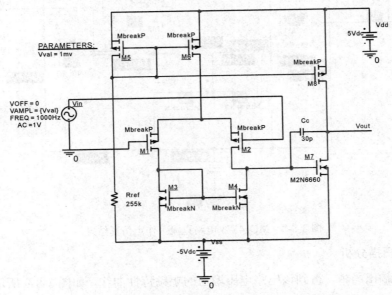

图 3-8-7 将 VAMPL 设置为全局参数 Vval 的电路图

三、实验结果与分析

1. 直流工作点分析

进行仿真,得到该电路的直流工作点的仿真结果,如图3-8-8所示。

由图3-8-8可得,此电路的$I_{REF}=35.61\,\mu A$,$I_{D1}=I_{D2}=18.68\,\mu A$,$I_{D7}=39.01\,\mu A$,仿真结果与理论计算的结果基本上一致。

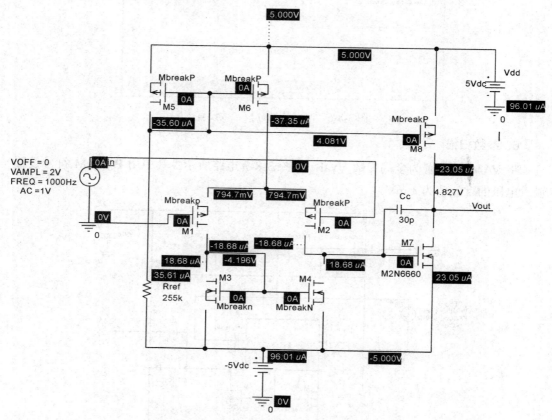

图3-8-8 MC14573电路直流工作点仿真结果

2. 交流扫描分析

(1) 设置输出函数,得到该电路电压增益的幅频特性曲线,如图3-8-9所示,该电路的电压增益约为93 dB,带宽约为26 Hz。

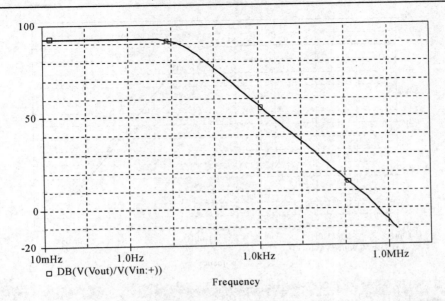

图 3-8-9 电压增益的幅频特性曲线

(2) 改变宽长比，仿真结果如图 3-8-10 所示，当 NMOS 管 M7 的沟道宽长比 W/L 减小为原来的一半时，其电压增益约为 50 dB，比原来减小，但其带宽变为 2.06 kHz，比原来宽。

(3) 测量输入电阻。输入电阻的特性曲线仿真结果如图 3-8-11 所示。由图可得，在带宽频率范围内，输入电阻的阻值非常大，为 10^9 数量级，从而验证了 CMOS 电路具有极大输入电阻这一特性。

3. 瞬态特性分析

当输入信号为小信号时，例如 VOFF = 0，VAMPL = 1 mV，FERQ = 1000 的 VSIN 信号，当 M7 的沟道宽长比为 W/L = 200 μm/10 μm 时，其瞬态分析仿真结果如图 3-8-12 所示，其幅度约为 0.34 V，由此计算得出的电压增益约为 50 dB，此结果与图 3-8-10 电压增益的幅频特性仿真结果相吻合。

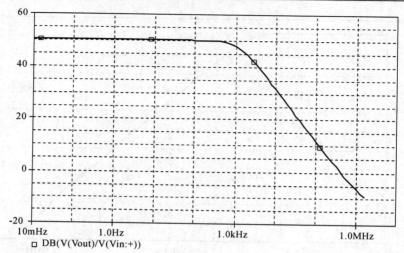

图 3-8-10　M7 管宽长比减小一半时的电压增益的幅频特性曲线

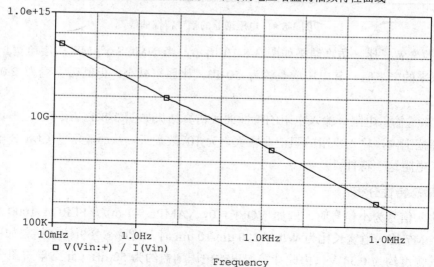

图 3-8-11　输入电阻仿真结果

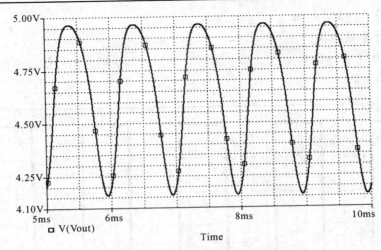

图 3-8-12　小信号瞬态分析仿真结果

4. 全局参数扫描

1) 小信号参数扫描

当 Vval 从 1 mV 增加到 16 mV，步长为 3 mV 时，得到的瞬态信号仿真结果如图 3-8-13 所示。

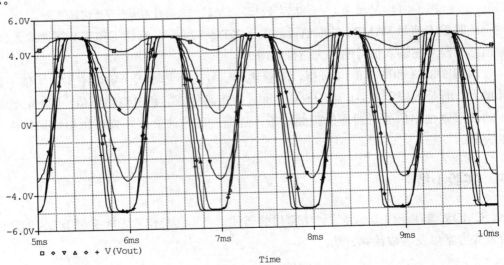

图 3-8-13　Vval 为 1 mV～16 mV，步长为 3 mV 时的小信号的瞬态分析仿真结果

由图可得，当输入信号 VAMPL 超过 10 mV 后，输出电压的幅值没有继续增大，而

是分布在 –5 V～+5 V 之间。

2) 大信号参数扫描

当 Vval 从 1 V 增加到 40 V，步长为 5 V 时，得到的瞬态信号仿真结果如图 3-8-14 所示。

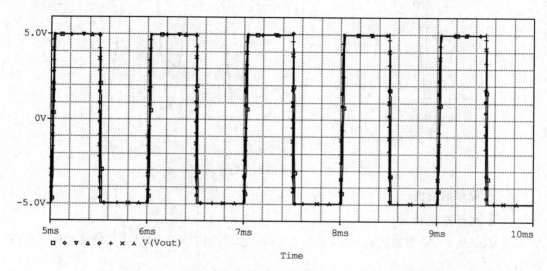

图 3-8-14　Vval 为 1 V～40 V，步长为 5 V 时的大信号的瞬态分析仿真结果

此时输入信号 VAMPL 的取值远远大于 KT/q≈26 mV，器件工作于非线性放大状态，输出结果没有随输入信号的增大而持续增大。

由图 3-8-13 和图 3-8-14 可得，随着输入信号的不断增大，输出电压的幅值不会继续增大，而是被限制在 –5 V～+5 V 之间，即电路的正、负电源电压值；同时，输出电压的波形则由小信号时对应的正弦波形，逐渐变成方波波形，表明输出波形发生了严重失真。

四、实验小结

CMOS 器件是模拟电路设计中常用的器件。在本实验使读者能掌握 MOS 器件的参数设置方案以及参数计算方法。

综合实验九 四阶巴特沃斯带通滤波器的仿真

一、实验原理

巴特沃斯滤波器是最常用的滤波器之一,其特点是通频带的频率响应曲线最平滑。很多复杂的电路系统的基本结构单元都是滤波电路模块。通信电路需要对某种频率的信号选择通过,整形电路在电路输入总线上应用滤波电路来滤除寄生噪声,在输出路线上应用滤波电路来平滑整流信号。

二、实验内容与步骤

1. 绘制电路原理图

绘制如图 3-9-1 所示的巴特沃斯滤波器电路图。

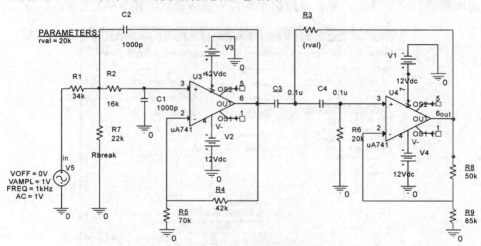

图 3-9-1 巴特沃斯滤波器电路原理图

其中左半部分为二阶低通滤波器,右半部分为二阶高通滤波器,组合成为带通滤波器。

2. 直流工作点分析

对电路进行直流工作点分析，查看各节点直流工作点情况，参数设置如图 3-9-2 所示。

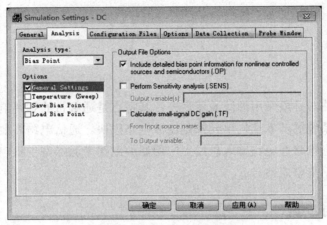

图 3-9-2 直流分析参数设置

3. 交流分析

对电路进行交流分析，观察电路频率特性，参数设置如图 3-9-3 所示。

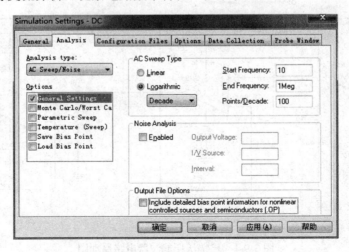

图 3-9-3 交流分析参数设置

4. 时域分析

如图 3-9-4 所示，对参数进行设置。进行时域分析，观察 U3 和 U4 的输出电压波形。

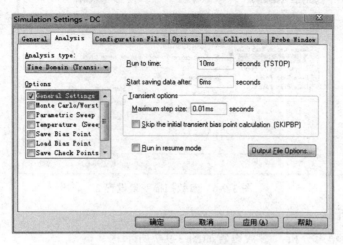

图 3-9-4　时域分析参数设置

5. 参数扫描

(1) 以 R3 作为全局变量，分析电阻 R3 的大小对输出特性曲线的影响。参数设置如图 3-9-5 所示。

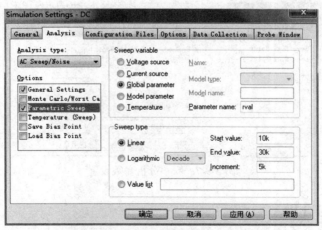

图 3-9-5　参数扫描变量设置 1

(2) 以 R7 作为全局变量，分析电阻 R7 大小对输出特性曲线的影响。参数设置如图 3-9-6 所示。

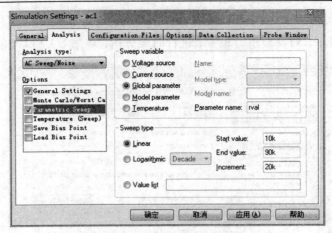

图 3-9-6 参数扫描变量设置 2

6. 噪声分析

对电路进行噪声分析，参数设置如图 3-9-7 所示。

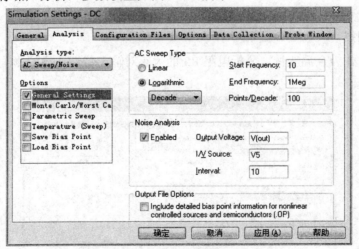

图 3-9-7 噪声分析参数设置

三、实验结果与分析

1. 直流工作点分析

直流工作点分析结果如图 3-9-8 所示。

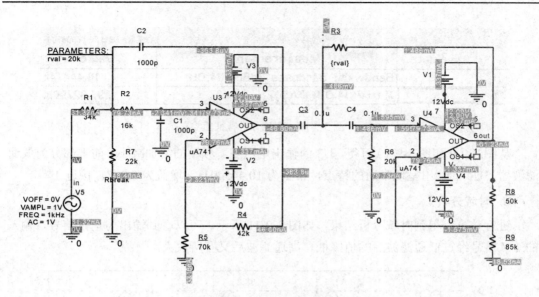

图 3-9-8 直流工作点分析结果

2. 交流响应

按图 3-9-3 设置进行仿真，得到交流分析结果，如图 3-9-9 和图 3-9-10 所示。

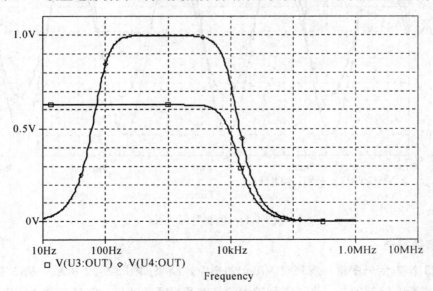

图 3-9-9 交流分析波形

Evaluate	Measurement	Value
✓	Bandwidth_Bandpass_3dB(V(U4:OU...	10.44474k
✓	Max(V(U4:OUT)/V(in))	997.82790m

图 3-9-10　交流分析特征值

从图 3-9-9 和图 3-9-10 可得，U3 的输出电压随着频率的增加减小，前半部分为低通滤波器。U4 的输出呈现带通的特点，带宽为 10.445 kHz，增益为 0.997，接近 1。

3. 时域分析

进行仿真，得到时域分析结果，如图 3-9-11 所示。可以看到输出为正弦信号，输入的 1 V 信号经过低通滤波后幅值降低，高通滤波后又有所放大。

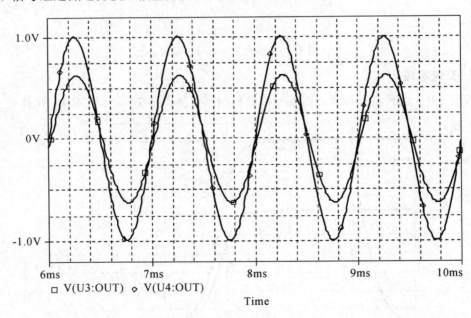

图 3-9-11　时域分析结果

4. 参数扫描

以 R3 作为全局变量，观察对 V(out)的影响，结果如图 3-9-12 所示。从图中可以看出 R3 主要影响低频增益。为了得到较大的带宽和平滑的波形，阻值选择 20 kΩ 较好。

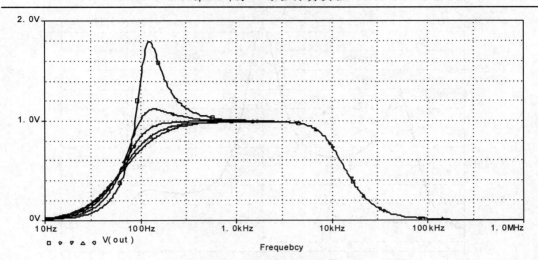

图 3-9-12 R3 参数扫描结果

以 R7 作为全局变量,观察对 U3 输出的影响,结果如图 3-9-13 所示。可以看出,电阻 R7 对输出电压的幅值有明显的影响,阻值越高,放大倍数越大,但在阻值较高时高频段波形出现隆起,我们应合理地选择阻值。

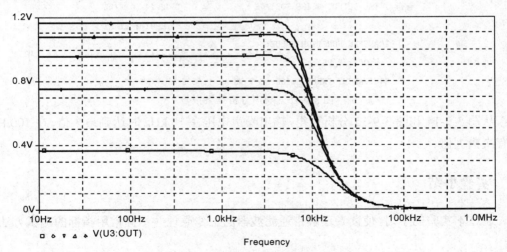

图 3-9-13 R7 参数扫描结果

5. 噪声分析

进行仿真,得到噪声分析结果,如图 3-9-14 所示。

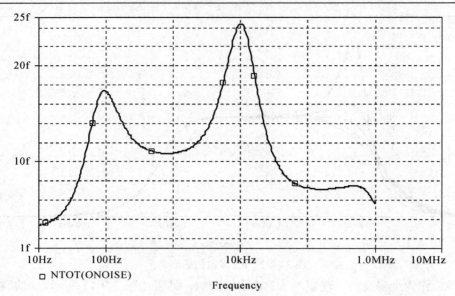

图 3-9-14　噪声分析结果

同时，得到噪声分析结果报告，如图 3-9-15 所示。

```
**** TOTAL OUTPUT NOISE VOLTAGE      = 1.734E-14 SQ V/HZ
                                     = 1.317E-07 V/RT HZ
     TRANSFER FUNCTION VALUE:
         V(OUT)/V_V5                 = 8.446E-01
     EQUIVALENT INPUT NOISE AT V_V5  = 1.559E-07 V/RT HZ
```

图 3-9-15　噪声分析结果报告

从图 3-9-14 和图 3-9-15 分析可得，输出噪声电压在 10 kHz 时达到最大值，在 100 Hz 时有次极大值。

四、实验小结

通过本实验的学习，使读者理解带通滤波器的工作原理并掌握常用指标的测试方法。

综合实验十　有源带通滤波器的仿真

一、实验原理

本实验将对有源带通滤波器进行仿真电路图的绘制、交流仿真，对参数扫描分析，对变阻器进行 optimizer 分析，进而对其优化。本次优化指标分别为：增益为 2 ± 1%、中心频率为 1 kHz ± 1%和带宽为 100 Hz ± 1%。

二、实验内容与步骤

本实验的具体操作步骤如下：

1. 绘制电路图

绘制如图 3-10-1 所示的带通滤波器电路图。

2. 交流仿真

对电路进行交流仿真，按如图 3-10-2 设置参数，得到输出波形并进行分析。

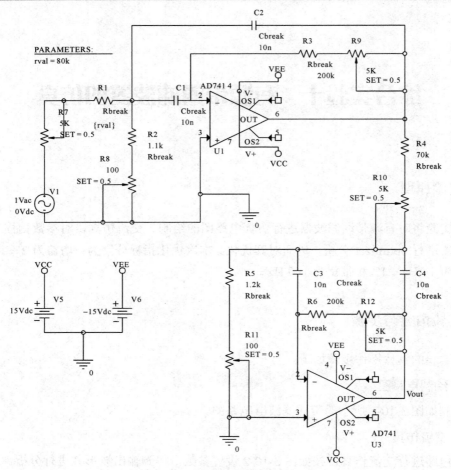

图 3-10-1　带通滤波器电路原理图

图 3-10-2　交流分析参数设置

3. 参数扫描分析

在交流仿真的基础上进行参数扫描分析，分别针对 R1、R2、R3、R4、R5、R6 进行参数设置，得到出输出波形，进行电阻最优值分析。

如图 3-10-3 所示，进行电阻 R1 的参数设置。

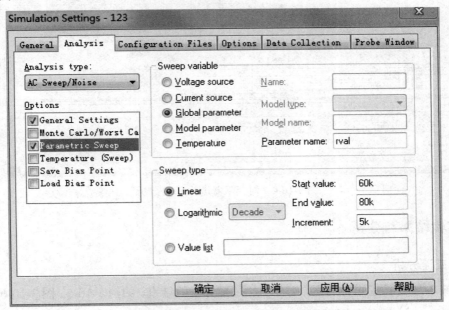

图 3-10-3　R1 参数扫描分析设置

类似将电阻 R2、R3、R4、R5、R6 的初值、终值和步长参数分别设置为：

R2：0.9k 1.5k 0.1k

R3：180k 230k 10k

R4：70k 80k 2k

R5：0.8k 1.6k 0.2k

R6：50k 300k 50k

4. 变阻器的 optimizer 分析

要对变阻器进行 optimizer 分析，应先对 R7、R8、R9、R10、R11、R12 进行设置，然后在测试模块中设置测试函数(带宽、增益)，完成后，读出优化值并观察是否满足优化要求。图 3-10-4 所示为对变阻器进行 SET 分析的界面。

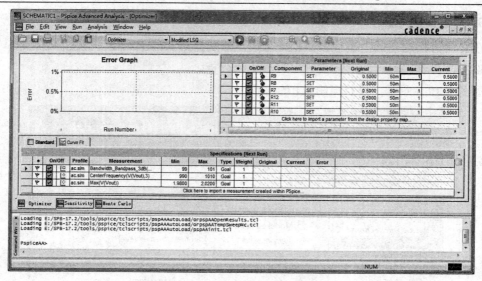

图 3-10-4 对变阻器进行 SET 分析

三、实验结果与分析

1. 交流分析

按图 3-10-2 设置进行仿真，得到 AC 扫描分析的结果，如图 3-10-5、图 3-10-6 所示。

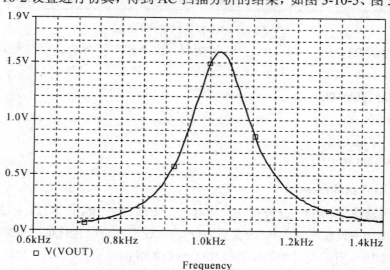

图 3-10-5 AC 扫描分析波形

Measurement Result		
Evaluate	Measurement	Value
✓	Bandwidth_Bandpass_3dB(V(Vout))	107.96335
✓	CenterFrequency(V(Vout),3dB)	1.02380k
✓	Max(V(Vout)/V(V1:+))	1.59936

图 3-10-6　AC 扫描分析特征值

由图 3-10-6 可知，此带通滤波器增益为 1.599，达不到 2 ± 1%；中心频率为 1.024 kHz，达不到 1 kHz ± 1%；带宽为 107.963 Hz，达不到 100 Hz ± 1%，不能满足要求，因此必须要对其参数进行优化设计，使其达到理想的滤波功能。

2. 电阻参数扫描分析

(1) 滑动变阻器各 Set 值均取 0.5，进行仿真，得到电阻 R1 的参数扫描分析结果，如图 3-10-7 所示。

由图 3-10-7 分析可知，当 R1 阻值在 65 k 左右时，滤波器的增益最接近 2，因此选择 R1 为 65 k，并将电路中的 R1 更改为 65 k。

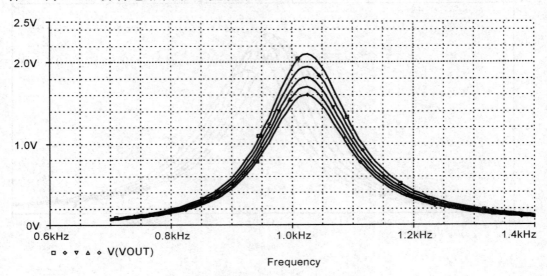

图 3-10-7　R1 参数扫描分析结果

(2) 进行仿真，得到电阻 R2 的参数扫描分析结果，如图 3-10-8 所示。

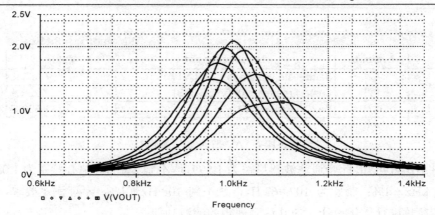

图 3-10-8 R2 参数扫描分析结果

由 R2 参数扫描结果分析可知,当 R2 的值为 1.2 k 时,滤波器的中心频率最接近 1 kHz,因此将电路中的 R2 更改为 1.2 k。

(3) 进行仿真,得到电阻 R3 的参数扫描分析结果,如图 3-10-9 所示。

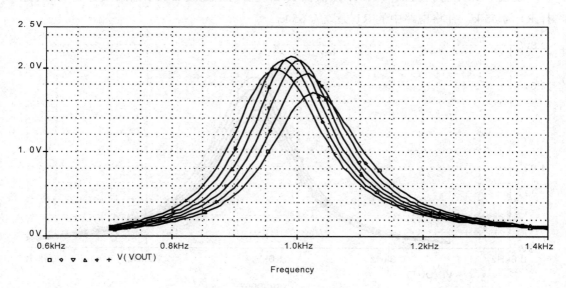

图 3-10-9 R3 参数扫描分析结果

由 R3 参数扫描结果分析可知,当 R3 的值为 200 k 时,滤波器的中心频率和带宽最接近理想值,因此将电路中的 R3 更改为 200 k。

(4) 进行仿真，得到电阻 R4 的参数扫描分析结果，如图 3-10-10 所示。

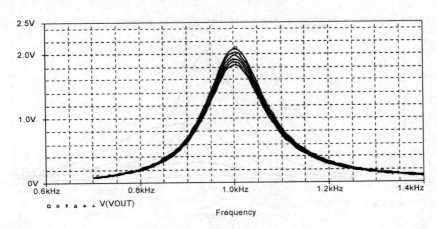

图 3-10-10　R4 参数扫描分析结果

由 R4 参数扫描结果分析可知，当 R4 的值为 72 k 时，滤波器的增益最接近 2，因此取 72 k 为 R4 的更优值，将电路中的 R4 更改为 72 k。

(5) 进行仿真，得到电阻 R5 的参数扫描分析结果，如图 3-10-11 所示。

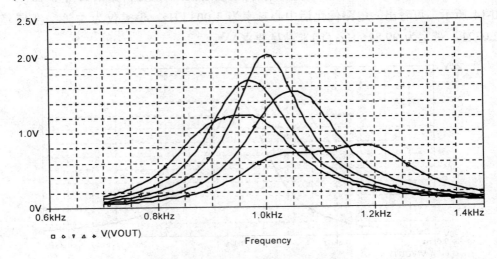

图 3-10-11　R5 参数扫描分析结果

由 R5 参数扫描结果分析可知，当 R5 的值为 1.2 k 时，滤波器的中心频率最接近 1 kHz，因此将电路中的 R5 更改为 1.2 k。

(6) 进行仿真，得到电阻 R6 的参数扫描分析结果，如图 3-10-12 所示。

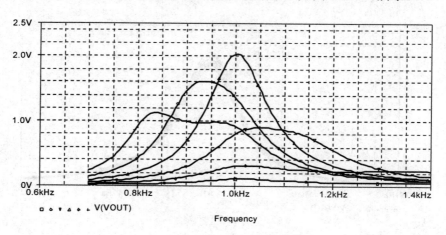

图 3-10-12　R6 参数扫描分析结果

由 R6 参数扫描结果分析可知，当 R6 的值为 200 k 时，滤波器的中心频率最接近 1 kHz，增益最近接 2，因此将电路中的 R6 更改为 200 k。

重新对改变了拟关电阻阻值的电路进行交流扫描分析，分析结果如图 3-10-13、图 3-10-14 所示。可看出，电路优化后中心频率为 1.003 kHz，偏差仅为 1.5%，但是增益为 2.0321，带宽为 99.826 Hz，尚未满足要求。

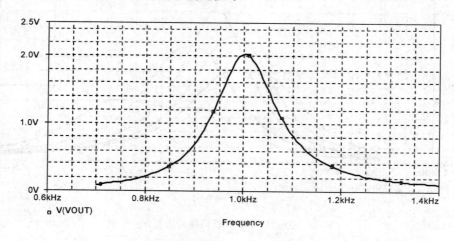

图 3-10-13　优化后，交流扫描分析图像

	Evaluate	Measurement	Measurement Value
	✓	Bandwidth_Bandpass_3dB(V(Vout))	99.82557
	✓	Max(V(Vout))	2.03211
▶	✓	CenterFrequency(V(Vout),3dB)	1.00316k

图 3-10-14　优化后，交流扫描分析特征值

3. 变阻器 optimizer 优化结果

对六个滑动变阻器的参数进行 optimizer 优化，结果如图 3-10-15 所示。

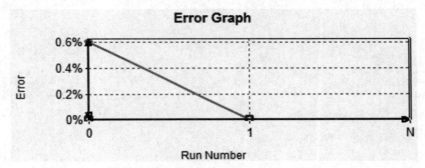

(a) optimizer 优化后 Error Graph 结果

		On/Off	Component	Parameter	Original	Min	Max	Current
▶		✓	R9	SET	0.5000	50m	1	520.2097m
		✓	R8	SET	0.5000	50m	1	596.1351m
		✓	R7	SET	0.5000	50m	1	394.0515m
		✓	R12	SET	0.5000	50m	1	515.1381m
		✓	R11	SET	0.5000	50m	1	611.9274m
		✓	R10	SET	0.5000	50m	1	596.0119m

(b) optimizer 优化后的变阻器参数

		On/Off	Profile	Measurement	Min	Max	Type	Weight	Original	Current	Error
▶		✓	ac.sim	Bandwidth_Bandpass_3dB(...	99	101	Goal	1	99.8256	99.8800	0%
		✓	ac.sim	CenterFrequency(V(Vout),3)	990	1010	Goal	1	1.0039k	1k	0%
		✓	ac.sim	Max(V(Vout))	1.9800	2.0200	Goal	1	2.0321	2.0016	0%

(c) optimizer 优化后的电路特性

图 3-10-15　optimizer 优化后结果

由图可知结果完全满足要求，参数的误差在要求范围之内，因此优化是成功的。

四、实验小结

通过对电路的优化，使读者了解优化的基本方法和过程，明白各个电阻在滤波器设计中的作用，并掌握电阻参数值的变化对电路功能的影响。

附录一 PSpice 中的函数及功能

函　　数	含　　义	说　　明
ABS(x)	x 的绝对值 |x|	
ACOS(x)	x 的反余弦函数 $\cos^{-1}(x)$	$-1.0 \leqslant x \leqslant +1.0$
ARCTAN(x)	x 的反正切函数 $\tan^{-1}(x)$	结果的单位为弧度
ASIN(x)	x 的反正弦函数 $\sin^{-1}(x)$	$-1.0 \leqslant x \leqslant +1.0$
ATAN(x)	与 ARCTAN(x) 相同	
ATAN2(y, x)	(y/x) 的反正切函数 $\tan^{-1}(y/x)$	
COS(x)	余弦函数 cos(x)	x 的单位为弧度
COSH(x)	双曲余弦函数 cosh(x)	x 的单位为弧度
DDT(x)	x 对时间的导数	仅适用于瞬态特性分析
EXP(x)	以 e 为底的指数函数 e^x	
IMG(x)	x 的虚部	若 x 为实数，则 IMG(x) 为 0
LIMIT(x, min, max)	结果为 min(若 x < min) 或 max(若 x > max) 或 x(其他情况)	
LOG(x)	自然对数 lnx	
LOG10(x)	常用对数 logx	
M(x)	x 的幅值	结果与 ABS(x) 相同
MAX(x, y)	x, y 中的最大值	
MIN(x, y)	x, y 中的最小值	
P(x)	x 的相位	若 x 为实数，则 P(x) 为 0
PWR(x, y)	x 绝对值的 y 次方 $\|x\|^y$	等同于 |x**y|

续表

函　数	含　义	说　明
PWRS(x, y)	结果为 $+\lvert x\rvert^y$(若 x > 0)或 $-\lvert x\rvert^y$(若 x < 0)	
R(x)	x 的实部	
SDT(x)	将 x 对时间积分	仅适用于瞬态特性分析
SGN(x)	结果为 +1(若 x > 0)或 −1(若 x < 0)或 0(若 x = 0)	正负号函数
SIN(x)	正弦函数 sin(x)	x 单位为弧度
SINH(x)	双曲正弦函数 sh(x)	x 单位为弧度
STP(x)	结果为 1 (若 x > 0)或 0 (若 x < 0)	
SQRT(x)	x 的平方根	
TAN(x)	正切函数 tan(x)	x 单位为弧度
TANH(x)	双曲正切函数 tanh(x)	
TABLE(x, x_1, y_1, ⋯x_n, y_n)	注 1	

注 1：TABLE 函数的功能是将所有点(x_i, y_i) (i = 1, 2, ⋯, n) 连成一条折线，函数值是折线上与 x 对应的 y 值(当 MAX(x_i)≤x≤MIN(x_i)，i = 1, 2, ⋯, n)；如果 x 大于 MAX(x_i) (i = 1, 2, ⋯, n)，则函数值是折线上与 MAX(x_i)对应的 y 值；如果 x 小于 MIN(x_i) (i = 1, 2, ⋯, n)，则函数值是折线上与 MIN(x_i)对应的 y 值。

注 2：表中的函数适用于电路模拟。在显示和分析模拟结果信号波形时，可采用的函数式与此不完全相同。

附录二　OrCAD/PSpice 快捷键汇总

I：放大
C：以光标所指为新的窗口显示中心
P：快速放置元件
N：放置节点标号
F：放置电源
G：放置地
B：放置总线 On/Off
E：放置总线端口
PageUp：上移一个窗口
PageDn：下移一个窗口
Ctrl + F：查找元件
Ctrl + C：复制
Ctrl + Z：撤销操作

O：缩小
W：画互连线 On/Off
R：元件旋转 90°
J：放置节点 On/Off
H：元件标号左右翻转
V：元件标号上下翻转
Y：画多边形
T：放置 TEXT
Ctrl + PageUp：左移一个窗口
Ctrl + PageDn：右移一个窗口
Ctrl + E：编辑元件属性
Ctrl + V：粘贴

CTRL + S	SAVE	保存
CTRL + P	Print	打印
CTRL + Z	Undo Delete	撤销删除
CTRL + X	Cut	剪切
CTRL + C	COPY	复制
CTRL + V	Paste	粘贴
CTRL + A	Select ALL	全部选中
CTRL + E	Properties…	被选属性参数编辑
CTRL + L	Link Database Part…	调出 Part Editor 窗口
CTRL + F	Find…	查找对话框
H	Horizontally	X 轴镜像

V	Vertically	Y轴镜像
CTRL + R	Rotate	旋转
F4	Repeat Delete	再次执行
CTRL + G	Go to…	光标指向设定位置
Shift + D	Descend Hierarchy	显示对应的下层子电路图
Shift + A	Ascend Hierarchy	显示上一层电路
Shift + P	Part…	调用元器件
Shift + Z	Database part	调用 Internet 数据库中的器件
Shift+w	Wire	绘制连线
Shift + b	Bus	绘制总线
Shift + J	Junction	绘制接点
Shift + E	Bus Entry	绘制总线引入线
Shift + N	Net Alias…	为接点命名
Shift + F	Power…	绘制电源
Shift + G	Ground	绘制地线
Shift + X	No Connect	浮置引线标志
Shift + T	Text…	添加文字
Shift + Y	Polyline	折线
F9	Configure…	新建宏
F8	Play	运行宏
F7	Record	生成宏
F1	HELP	帮助

参 考 文 献

[1] OrCAD Capture User Guide Product Version 17.2. Cadence Design Systems，Inc. 2016.
[2] PSpice User Guide. Cadence Design Systems，Inc. 2016.
[3] PSpice Advanced Analysis User Guide . Cadence Design Systems，Inc. 2016.
[4] 贾新章，游海龙等．电子电路 CAD 与优化设计：基于 Cadence/PSpice[M]．北京：电子工业出版社，2014.
[5] 谭阳红．基于 Orcad16.3 的电子电路分析与设计[M]．北京：国防工业出版社，2011.
[6] 罗飞．通用电路的计算机分析与设计：PSpice 应用教程[M]．北京：水利水电出版社，2004.
[7] 贾新章，武岳山．OrCAD/Capture CIS 9 实用教程[M]．西安：西安电子科技大学出版社，2000.